长安大学中央高校教育教学改革专项"岩石物理学基础"(300103211020)项目资助

岩石物理学基础
YANSHI WULIXUE JICHU

王 飞　刘致水　包乾宗　边会媛　主编

图书在版编目(CIP)数据

岩石物理学基础/王飞等主编. —武汉:中国地质大学出版社,2022.8
ISBN 978－7－5625－5248－2

Ⅰ.①岩…
Ⅱ.①王…
Ⅲ.①岩石物理学-技术
Ⅳ.①P584

中国版本图书馆 CIP 数据核字(2022)第 084387 号

岩石物理学基础	王 飞 刘致水 包乾宗 边会媛 主编
责任编辑:杨 念 李应争	责任校对:何澍语
出版发行:中国地质大学出版社(武汉市洪山区鲁磨路388号)	邮政编码:430074
电 话:(027)67883511　　传 真:(027)67883580	E－mail:cbb@cug.edu.cn
经 销:全国新华书店	http://cugp.cug.edu.cn
开本:787 毫米×1092 毫米 1/16	字数:220 千字　印张:10.75
版次:2022 年 8 月第 1 版	印次:2022 年 8 月第 1 次印刷
印刷:武汉睿智印务有限公司	
ISBN 978－7－5625－5248－2	定价:30.00 元

如有印装质量问题请与印刷厂联系调换

前　言

　　岩石物理学诞生于20世纪50年代，是一门迅速发展起来的介于地球物理学、地质学、声学和力学等学科之间的交叉学科。岩石物理学涉及的领域较多，主要为固体地球物理学（地震学、地磁学、地电学、地热学）、勘探地球物理学（地震勘探学、地球物理测井学）、地质学（矿物学、岩石学）、力学（岩石力学、流体力学、断裂力学、材料力学）与物理学（声学、热学、原子物理学）；研究的问题较多，包括岩石的孔渗特征、磁性、电性、弹性、放射性，及岩石中波的传播与衰减特性等；涉及的研究方向较多，包括实验岩石物理学、理论岩石物理学与计算岩石物理学等。因此，岩石物理学是一门综合性较强的学科。

　　本书主要面向地球物理学与勘查技术与工程方向的本科生，同时对相关专业研究生和从事地球物理工作的技术人员也具有一定的参考价值。本书根据32学时的课程要求进行编写，虽然作者努力使其系统全面，但因篇幅有限，且受作者个人能力的限制，许多相关内容未能作详尽的探讨。

　　本书第一、二、五、六、七章由王飞博士执笔，第三、四、九章由边会媛副教授执笔，第八章由刘致水博士执笔，研究生胡驰、韩博华对全书的图件进行了绘制，包乾宗副教授对全书进行了审阅，长安大学地质工程与测绘学院副院长邵广周对本书的编写及出版给予了大力支持，在此一并表示衷心的感谢。同时，对本书引用或涉及内容的作者也表示衷心的感谢。

　　本书的出版得到了长安大学中央高校教育教学改革专项"岩石物理学基础"（300103211020）的资助。

　　由于作者水平有限，同时岩石物理学涉及内容十分广泛，遗漏或不妥之处在所难免，恳请广大读者批评指正。

王　飞

2021年7月于西安

目 录

第一章 绪 论 ……………………………………………………………… (1)
- 第一节 岩石物理学的定义 ………………………………………………… (1)
- 第二节 岩石物理学的研究内容 …………………………………………… (2)
- 第三节 岩石物理学的主要研究方法 ……………………………………… (3)
- 第四节 岩石物理学的发展 ………………………………………………… (4)

第二章 矿物学与岩石学 …………………………………………………… (6)
- 第一节 矿物学基础 ………………………………………………………… (6)
- 第二节 岩石学基础 ………………………………………………………… (9)

第三章 储层及其特征 ……………………………………………………… (14)
- 第一节 储层的岩石学特征 ………………………………………………… (14)
- 第二节 储层的骨架特征 …………………………………………………… (15)
- 第三节 储层的孔隙类型与孔隙度 ………………………………………… (20)
- 第四节 岩石的渗透率 ……………………………………………………… (25)
- 第五节 岩石的密度 ………………………………………………………… (30)

第四章 岩石中的流体及流体饱和度 ……………………………………… (37)
- 第一节 天然气的物理性质 ………………………………………………… (37)
- 第二节 原油的物理性质 …………………………………………………… (41)
- 第三节 地层水的物理性质 ………………………………………………… (44)
- 第四节 地层含油气水饱和度 ……………………………………………… (46)

第五章 岩石的电学特征 …………………………………………………… (48)
- 第一节 岩石导电的基本概念 ……………………………………………… (48)
- 第二节 岩石导电性理论 …………………………………………………… (52)
- 第三节 岩石的自然极化性质 ……………………………………………… (57)
- 第四节 岩石的激发极化性质 ……………………………………………… (59)
- 第五节 岩石的介电性质 …………………………………………………… (63)
- 第六节 岩石电学参数测定 ………………………………………………… (65)

第六章　岩石磁学特征 ……………………………………………………………（68）

第一节　物质的磁性 …………………………………………………………（68）
第二节　矿物的磁性 …………………………………………………………（74）
第三节　岩石的磁性 …………………………………………………………（76）
第四节　岩石的剩余磁性 ……………………………………………………（80）
第五节　岩石磁性的野外与实验室测量 ……………………………………（82）
第六节　岩石磁性的应用概述 ………………………………………………（83）

第七章　岩石的力学性质 ………………………………………………………（85）

第一节　岩石的变形 …………………………………………………………（85）
第二节　岩石的蠕变 …………………………………………………………（91）
第三节　岩石的强度 …………………………………………………………（93）
第四节　岩石的破裂性质 ……………………………………………………（99）

第八章　岩石中地震波的传播和衰减 …………………………………………（103）

第一节　地震波 ………………………………………………………………（103）
第二节　地震波速度的影响因素 ……………………………………………（111）
第三节　岩石的速度各向异性 ………………………………………………（116）
第四节　岩石弹性波的衰减 …………………………………………………（119）
第五节　岩石速度与储层参数的经验关系式 ………………………………（121）
第六节　等效介质岩石物理模型 ……………………………………………（127）
第七节　地震波速度的应用 …………………………………………………（146）

第九章　岩石的放射性特征 ……………………………………………………（151）

第一节　岩石的放射性 ………………………………………………………（151）
第二节　岩石的核磁共振性质 ………………………………………………（156）

主要参考文献 ……………………………………………………………………（161）

第一章 绪 论

在人类的进化和文明发展历史中,岩石始终具有重要的意义。在漫长的历史演变中,随着人类对岩石物理性质(简称岩石物性)的不断认识,岩石在生产和生活中的应用不断深化,人类对其依赖程度也不断提高。

岩石是由矿物或类似矿物的物质组成的固体集合体,是地球表层和地球内部物质的基本组成部分。无论是在近地表还是在地球内部,岩石都处在复杂多变的地质环境之中,不断经历各种各样的物理化学过程。即使是同一种岩石,由于空间位置和环境条件的变化也会显示出完全不同的物理性质。因此,开展岩石的物理性质研究,可以帮助人类了解和认识发生在地球表层和内部的各种物理化学作用,进而达到对地球的整体性质有所认识的目的。另外,对于地球物理学以及地球物理勘探来说,岩石物性及空间分布特征决定着各种地球物理场特征,利用各种岩石物性在空间上分布的差异性,可实现地球物理勘探与测量,达到解决有关地质问题的目的。

第一节 岩石物理学的定义

岩石物理学是研究高温高压状态下岩石物理性质的相互关系及应用的学科(陈颙等,2009)。地球上大部分的岩石都处在600℃和1GPa以上的高温高压状态,岩石物理学就是研究在这种特殊状态下,岩石所表现出的各种不同物理性质的学科,具体包括岩石的力学、声学、热学、电磁学、光学等特征。

岩石物理学是专门研究岩石各种物理性质及其产生机制的一门学科。岩石物理学起源于物理学,其基本目的是为地球物理观测资料的推断解释提供理论基础。在早期的地球科学研究中,以地球深部岩石为研究对象的岩石物理学实验研究主要由岩石物理学家完成;而早期以地球浅部的沉积岩为研究对象的岩石物理学研究成果主要来自于油藏工程师和应用地质学家的工作。尽管如此,岩石物理学应隶属于地球物理学,因为它是地球物理学的专业基础之一,其研究方法和学科特点几乎与地球物理学的研究方法和学科特点完全一样,因此,岩石物理学既是物理学的一个独立分支,又是地球物理学的一个重要组成部分。

岩石物理学是地球科学的一部分,是地球科学中许多分支学科的专业基础,起着联系地球物理学、岩石学、水文地质学、工程地质学、岩土力学等学科的桥梁作用。一方面,这些学科的需求为岩石物理学的产生和发展提供了动力;另一方面,岩石物理学的研究成果夯实了这些学科的理论更新和技术改造基础。

在过去的几十年里,岩石物理学取得了很大的进展,对现代地球科学的发展和应用作出了不可磨灭的贡献。例如,通过研究地震波在岩石中的传播特性,人们发现岩石圈内存在部分熔融和低速带现象;而对孔隙性岩石的导电机理和弹性波速度的研究,促使了油储地球物理学的诞生。

第二节　岩石物理学的研究内容

岩石物理学的主要应用领域是地球物理勘探,此外,还应用于地质、采矿、采油、材料等诸多学科和领域中。由于各个领域所面临的问题不同,所涉及的岩石物理参数也有所不同。几个主要领域所涉及的岩石物理参数如表1-1所示。

表1-1　各种勘探方法及对应的岩石物理参数

勘探方法	岩石物理参数
磁法勘探	磁化率、剩余磁化强度、感应磁化强度、磁导率等
电法勘探	孔隙度、渗透率、电导、电导率、介电特性、磁导率等
地震勘探	密度、孔隙度、地震波速度、衰减、弹性、黏性等
地热勘探	密度、孔隙度、渗透率、热导率、比热、热扩散系数等
核法勘探	放射性测量,如伽马强度、伽马能谱、半衰期、放射平衡等
工程地质	密度、孔隙度、渗透率、强度、破裂、蠕变、摩擦等
水文地质	密度、孔隙度、渗透率、放射性、热学性质等
石油地质	密度、孔隙度、渗透率、强度、电性、磁性、波速、波阻抗等
煤炭地质	密度、孔隙度、渗透率、强度、破裂、电性、磁性、波速等
构造地质	密度、孔隙度、渗透率、强度、破裂、热学性质、波速和衰减等
灾害地质	密度、孔隙度、渗透率、强度、破裂、电性、磁性、波速和衰减等

岩石物性的主要研究重点是地球内部构造与运动、能源和资源的勘探开发、地质灾害的成因与减灾、环境保护和检测。如高温高压下岩石与矿物的波速、导电性、密度、磁性等的关系;石油勘探中孔隙度、饱和度和含油性与波速、密度及电性等的关系;金属矿产勘探中矿体与密度、磁性、电性和地震波传播特征的关系;地质构造中地震波传播、电性、磁性、密度与地质构造的关系等。

具体来讲,岩石物理学需要完成以下任务:①通过现场和实验室观测确定岩石的物理性质和有关岩石物理参数的具体数值;②找出岩石的物理性质和地质、矿床、工程及工艺参数之间的关系;③为实测地球物理资料的解释工作提供基础数据。

第三节　岩石物理学的主要研究方法

岩石物性的基本研究方法有实验研究、模型研究和理论研究三种。

按照自然科学研究的基本手段,岩石物理学的研究方法一般分为理论研究和实验研究两大类。伴随着计算机技术的迅猛发展,计算岩石物理学已经成为一个独立的分支,它可以在计算机硬件和软件所提供的工作环境下,采用应用数学、计算科学以及信息科学的方法解决岩石物理学中无法由解析方式解决的各种理论和实际问题。传统意义上,实验岩石物理学的研究内容是以室内实验为主要技术手段,模拟高温高压环境,开展岩石各种物理特性参数的测量,分析其各种物理性质之间的关系等。在实验岩石物理学中,主要工作是观测和分析数据,并根据数据分析的结果了解岩石的物理性质及其变化规律;在理论岩石物理学中,主要工作是建立能解释观测数据的岩石物理学模型,并根据模型的数学表达式找出岩石物理参数与岩石结构、组成成分之间的关系,进而对岩石物理参数的产生机制给出解释。

岩石一般是由多种矿物组成的混合物。一方面,这些矿物的物理性质各不相同;另一方面,这些矿物的空间排列没有规律,基本上处于一种无序的状态。因此,如果对岩石中所含有的矿物分别进行研究,然后再考虑其综合影响,则将使问题变得过于复杂。另外,地球内部是高温、高压的物理环境,就目前的实验技术水平而言,还无法对这种环境进行精确的模拟和再现。

在岩石物理学研究中存在不同的尺度。在研究产生某些岩石物理现象的机制问题时,人们所关心的尺度与矿物颗粒的尺度处于同一级别。在这种尺度下,岩石一般是非均匀的,所以要考虑颗粒与颗粒之间以及颗粒与孔隙充填物之间的相互作用,也要考虑孔隙几何形状的影响(图 1-1)。在实验室标本观测中,所考虑的是岩石标本的整体效应,而单个矿物颗粒和单个孔隙的影响将被观测过程所平均。在野外测量过程中,实测物理量是各个岩层的综合效应。因此,野外观测的结果可能会由于尺度的不同而无法与实验室内得到的结果进行对照。

与尺度问题类似的是观测频率问题。以地震观测为例,在天然地震研究中,信号的频率为 $0.1\sim1\mathrm{Hz}$;在人工地震研究中,信号的频率为 $10\sim100\mathrm{Hz}$;在声波测井中,信号的频率为 $10^4\sim10^5\mathrm{Hz}$;在实验室观测中,信号的频率在 $10^6\mathrm{Hz}$ 以上。根据理论物理学中的有关结论,在不同频段中所出现的物理现象是不同的。因此,有些在实验室内得到的结果难以用来解释野外观测数据。

以上问题代表着岩石物理学研究中存在的主要困难。为了克服这些困难,人们采取了很多措施,其中最重要的一个就是在研究岩石的某些物理性质时只考虑宏观现象而不去分析其物理机制,这意味着要抛弃在原子核分子水平上的尝试。在这类唯象理论中,无序的岩石首先被等效为具有简单结构的介质,然后再利用宏观物理定律去进行分析和计算。一般来讲,岩石中只有部分物理量可以被精确地描述,因此,人们为达到分析和计算的目的采用

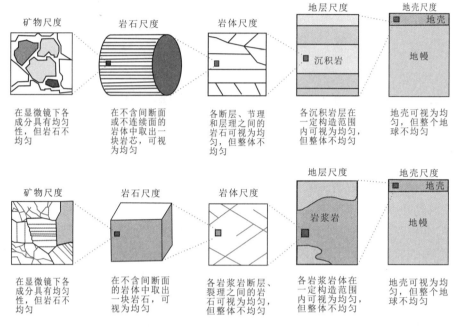

图1-1 物性尺度级别划分与特征

了取平均的策略。对于相同的模型可以采取不同的平均方法。例如,在水平层状介质模型中既可以采用算术加权平均法(对不同层的物理参数按它们所占有的体积分数进行加权,然后再对各层的影响简单地求和),又可以采用对数加权平均法(对各层的物理参数先取对数,然后再求平均)。

第四节 岩石物理学的发展

岩石物性是人类最早的研究应用对象,在旧石器时代,人类就是利用岩石的硬度性质打制各种石器用于捕猎活动,后来人类又学会了利用岩石的强度性质修建房屋和大型建筑物。17世纪末以前,对岩石物性的研究主要集中在力学性质上。1946年,Bridgman因对高压下岩石性质的出色实验研究,而获得诺贝尔物理学奖,岩石物性研究开始逐渐走进人们的视野。

20世纪70年代以来,随着石油工业的发展,人们将岩石物理学研究的重点放到了确定储集性岩层的物理性质上。除了研究岩石的物理性质在静态条件下的变化规律外,还研究了在人工干预条件下岩石物理性质的动态(随时间的)变化规律,并取得了一定的进展。

20世纪80年代前后,以陈顒等人为代表的一批中国学者开始进行岩石物理研究。土木工程施工、油气勘探以及天然地震预测是岩石物理应用及研究的三大领域。进入21世纪后,计算岩石物理学和实验岩石物理学的发展更是促进了油气勘探、地球深部岩石力学、地质减灾等学科的进步。

近年来,岩石物理学有了长足的进步,其主要标志性研究如下。

(1)弹性波在岩石中传播特性的研究,不仅为油气勘探提供了有力工具,并发现了地球岩石圈内部分熔融现象和低速带的存在。

(2)岩石断裂和摩擦性质的研究,提供了关于地球岩石圈应力状态的新认识,成为解释地震和滑坡等自然灾害机理的理论基础,并形成了岩石断裂力学的新领域。

(3)岩石输运特性的研究,讨论了地下流体在多孔岩石中的输运特性,已成为环境分析和油气开采等方面的主要理论基础。

现代勘探地球物理学理论和技术的高度发展,对地球物理学者提出了越来越高的要求,带来了越来越复杂的挑战。当前,地球物理学的主要任务之一就是岩石物理方面的研究。如在油气勘探方面,由于勘探难度的不断增加,要对油气藏进行深入了解,首先要对其岩石物性有充分了解,这对有效地解决部分地质问题具有重要的意义。

第二章 矿物学与岩石学

第一节 矿物学基础

矿物学和岩石学是学习和研究岩石物性的基础,因此,掌握矿物学和岩石学的基本概念,对于岩石物性的研究与应用非常有必要。

一、矿物学的基本概念

矿物是天然产出,通常由无机作用形成,具有一定化学成分和特定的原子排列(结构)的均匀固体。矿物多为颗粒状,其大小悬殊,小的要借助显微镜辨认,大的颗粒直径可达几厘米,肉眼即可看见。

矿物是在地质作用中形成的天然单质或化合物,具有相对固定的化学成分、物理性质和结晶构造,是岩石的基本组成部分。在自然界中,矿物的总数在3000种以上,但是常见的造岩矿物只有几十种,其中又以长石、石英、辉石、角闪石、橄榄石、方解石、磁铁矿、黏土矿物最多。

二、矿物的物理性质

矿物的物理性质,除了可以作为正确鉴定矿物及研究其成因的依据外,有些矿物特殊的物理性质还可以直接应用于工业生产及科学研究中,如石英晶体的压电性、金刚石极高的硬度、白云母良好的绝缘性、宝玉石类矿物明亮的色彩和醒目的光泽等。有些矿物的物理性质可作为找矿、选矿的重要依据,如矿物的相对密度是重力探矿与重力选矿的依据;矿物的磁性是磁法探矿与磁力选矿的依据;矿物的导电性是电法探矿的依据等。

矿物的物理性质包括光学性质、力学性质、电学性质、磁性、放射性等。

1. 矿物的光学性质

矿物的光学性质是指矿物对可见光的反射、折射、吸收等所表现出来的各种性质。肉眼可以观察到的矿物光学性质包括颜色、条痕色、透明度及光泽。

1) 矿物的颜色

矿物对可见光中不同波长发生选择性吸收和反射后在人眼中引起的感觉表现为颜色。将矿物的颜色按其产生原因分为自色、他色和假色。

由矿物本身的化学成分和结构所决定的颜色为自色，由于外来带颜色的物质机械混入而使矿物染成的颜色为他色，由于物理原因所引起的颜色为假色。

2) 矿物的条痕色

矿物的条痕色是矿物粉末的颜色，一般是指矿物在白色无釉瓷板上擦划所留下的粉末颜色。条痕色可能深于、等于或者浅于矿物的自色，并且通常与光泽、透明度有密切联系。条痕色对不透明的具金属光泽、半金属光泽矿物的鉴定很重要，而对透明或具玻璃光泽矿物的鉴定意义不大，因为它们的条痕色都是白色或近于白色。

3) 矿物的透明度

矿物的透明度是指矿物透过可见光波的能力，即光线透过矿物的程度。在矿物的鉴定中，通常将透明度分为透明、半透明和不透明三级。

4) 矿物的光泽

矿物表面对可见光波的反射能力称为矿物的光泽。可分为金属光泽、半金属光泽、金刚光泽和玻璃光泽。

2. 矿物的力学性质

矿物的力学性质是指矿物在外力作用（如刻划、敲打等）下所呈现的性质。包括硬度、解理与断口、相对密度等。

1) 硬度

矿物抵抗外来机械作用力侵入的能力，称为硬度。鉴别矿物的（刻划）硬度时，可以把欲试矿物的硬度与某些标准矿物的硬度进行比较，即互相刻划加以确定。通常用的标准矿物，即摩氏硬度计就是用这种方法确定的。十种标准矿物的硬度大小顺序是：1. 滑石；2. 石膏；3. 方解石；4. 萤石；5. 磷灰石；6. 正长石；7. 石英；8. 黄玉；9. 刚玉；10. 金刚石。在实际工作中，通常采用更简便的方法来试验矿物的相对硬度，即把硬度分为三级：指甲的摩氏硬度小于2.5，可用指甲刻动的矿物为低硬度；小刀或钢针的硬度介于2.5~5.5之间，指甲刻不动，可用小刀或钢针刻动的矿物为中等硬度；小刀刻不动的矿物硬度大于5.5，为高硬度。

2) 解理与断口

矿物受到超过质点间联结力的外力作用时，往往发生破裂现象。有些矿物破裂后沿一定方向会出现一系列相互平行而且平坦光滑的破裂面，矿物的这种性质称为解理。矿物的这种破裂平面称为解理面。有些矿物则沿任意方向发生不规则的破裂，其破裂面参差不齐，这种破裂面则称为断口。

解理是结晶矿物特有的特征之一，是矿物的主要鉴定特征。矿物的解理按其解理面的完好程度和光滑程度不同，通常分为四级。

极完全解理：解理面极好，平坦而极光滑，矿物晶体可劈成薄片，如云母、辉钼矿等。

完全解理：矿物晶体容易劈成小的规整的碎块或厚板块，解理面完好，平坦光滑，在平行解理面的破裂面上不容易找到断口，如方解石、方铅矿等。

中等解理：解理面不甚光滑，往往不连续，即在单晶的同一个破裂面上可以看到断口和破裂面，解理面被断口隔开呈阶梯状，如辉石、白钨矿等。

不完全解理：一般很难发现解理面，在破裂面上常见有不平坦断口，如磷灰石、锡石等。

3) 相对密度

矿物的相对密度是指纯净、均匀的单矿物在空气中的质量与同体积水在 4℃ 时的质量比。决定矿物相对密度大小的因素有矿物组成元素的原子量大小和矿物结晶结构中质点堆积的紧密程度。每种矿物都有其一定的相对密度值。它是矿物的一项重要物理常数，可作为鉴定和对比矿物的依据。相对密度差异也是选矿和重力探矿的依据。

3. 矿物的电学性质

1) 导电性

矿物的导电性是指矿物对电流的传导能力。一般来说，具金属键且在晶体结晶结构中有自由电子的自然金属元素矿物和金属硫化物等金属矿物是电的良导体，如自然金、黄铁矿、辉钼矿等。具有离子键或共价键的非金属氧化物和非金属含氧盐等大部分矿物是电的不良导体，如石英、长石、云母、方解石等。而有些富含铁和锰的硅酸盐及铁、锰元素的氧化物矿物则是半导体，如铬铁矿、赤铁矿等。

2) 介电性

矿物的介电性是指不导电矿物或导电性极弱的矿物在电场中产生感应电荷的性质，通常用介电常数来表征。在平行极电容器中，加入非导体（或介电体），能使其电容量 C 增加若干倍。

$$C = \varepsilon C_0 \tag{2-1}$$

式中，C_0 为真空时的电容量；ε 为非导体的介电常数。

3) 压电性

某些矿物晶体受压应力或张应力时，因变形效应而在垂直于应力的两边表面上出现电荷的性质，称压电性。两边表面上出现的电荷数量相等而符号相反，且电荷量正比于应力大小。在机械作用—压—张的不断相互作用下就可以产生一个交变电场，这种效应称为压电效应。反过来，具有压电效应的矿物晶体，把它放在一个交变电场中，它就会产生一伸一压的机械振动，这种效应称为电致伸缩（又称反压电效应）。具有压电性矿物的典型代表为水晶。

4) 焦电性

某些矿物当改变其温度时，能使其表面的某些结晶方向上出现荷电的性质。典型代表为电气石。

4. 矿物的磁性

矿物的磁性是指矿物晶体在外磁场中被磁化时所表现出的能被外磁场吸引、排除或对外界产生磁场的性质。

按照磁化率大小及磁学特点,可将矿物分为抗磁性矿物,如岩盐、方解石、黄铁矿等;顺磁性矿物,如橄榄石、角闪石、黑钨矿、菱铁矿等;铁磁性矿物,如钛铁矿、钛磁铁矿、钛赤铁矿等。

5. 矿物的放射性

矿物的放射性是矿物中的放射性元素(铀、钍、镭等)自发地从原子核内部放出粒子或射线,同时释放出能量的现象。这一过程叫作放射性衰变。矿物的放射性为含铀、钍、镭等放射性元素的矿物所特有。利用矿物的放射性可寻找放射性矿产,并且根据放射性元素及其衰变物的测定可以计算矿物及岩石的同位素年龄。

第二节　岩石学基础

岩石是一种或多种晶质及非晶质造岩矿物按一定的规律构成的固结的矿物集合体,它是在地壳发展过程中由各种地质作用形成的地质体,按成因可将其分为岩浆岩、沉积岩和变质岩三大类。三大类岩石之间既有区别,也相互联系。

各种岩石具有自己特定的物理性质(例如密度、弹性、磁性、电性和波速等),其物理性质是组成岩石的矿物性质及其结构的综合反映。

一、岩石成因及成岩旋回

地球处于不断的运动之中,其内部的演变过程也多种多样。但就岩石的形成而言,地球(特别是地壳和上地幔)中的演变过程主要有以下三种。

火成过程:地壳深部熔化的物质、熔融的岩浆在地下或喷出地表,发生结晶和固化的过程。

沉积过程:地表岩石风化的产物,经过风、流水和冰川等的搬运,在某些低洼地方沉积下来的过程。有些易溶解的岩石、矿物经过流水溶解、搬运和沉积,也属于沉积过程的一种。

变质过程:在地球内部高温或高压环境下,先已存在的岩石发生各种物理、化学变化,使其中的矿物重结晶或发生交互作用,进而形成新的矿物组合。这些变化可以在低于硅的熔化温度时发生,所以,先已存在的岩石可以始终保持固态。这种过程不同于前面叙述过的火成过程或沉积过程,一般称之为变质过程。

在漫长的地质时期中,这三类岩石之间具有旋回性,在地球上没有永远不变的岩石,见图2-1。

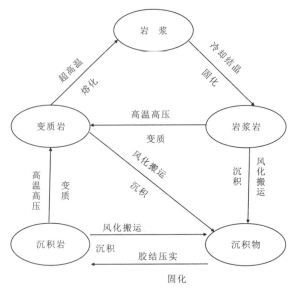

图 2-1 自然界岩石的旋回性

二、岩浆岩的基本特征

岩浆岩一般指岩浆在地下或喷出地表冷凝后形成的岩石,又称火成岩,是组成地壳的主要岩石。

岩浆岩在地壳中分布十分广泛,按质量计算,约占地壳总质量的65%,在大陆地表出露普遍。构成岩浆岩的主要元素有 O、Si、Al、Fe、Ca、Na、K、Mg 和 Ti,这些元素氧化物的含量占岩浆岩总质量的 99% 左右,特别是 SiO_2 的含量最高,在不同岩浆岩中均占总质量的 35%～78%。

岩浆岩一般可根据矿物成分、产状和矿物颗粒大小进行分类。

按照岩浆岩中 SiO_2 含量的多少,一般将岩浆岩分为酸性、中性、基性、超基性四类。酸性岩($SiO_2>65\%$),如花岗岩(侵入岩)、流纹岩(喷出岩)等;中性岩($52\%<SiO_2\leqslant65\%$),如闪长岩(侵入岩)、安山岩(喷出岩)等;基性岩($45\%<SiO_2\leqslant52\%$),如辉长岩(侵入岩)、玄武岩(喷出岩)等;超基性岩($SiO_2<45\%$),如橄榄岩(侵入岩)、苦橄岩(喷出岩)等。

按产状把岩浆岩分为侵入岩和喷出岩两类。侵入岩是岩浆在地壳内部冷凝结晶的产物,喷出岩是岩浆喷出地表后冷凝和堆积而成的岩石。

按岩浆岩中矿物颗粒的大小,可将岩浆岩分成两类:细粒岩浆岩(玄武岩、安山岩和流纹岩)和粗粒岩浆岩(辉长岩、闪长岩和花岗岩等)。一般说来,细粒岩浆岩大都是喷出岩,它们的温度先是急剧下降,然后至地面进行冷却;而粗粒岩浆岩多是侵入岩,它们的温度是逐渐冷却的。

三、沉积岩的基本特征

沉积岩是地表及地表以下不太深的地方形成的地质体,它是在常温常压条件下,由风化作用、生物作用和火山作用的产物经过介质的搬运、沉积作用所形成的松散沉积物压实、胶结而成。该定义表明沉积岩是外动力地质作用的结果,其物质来源、固结成岩方式、形成的物理化学条件(温度、压力、介质)均与岩浆岩截然不同。

沉积岩仅分布于地壳表层,其覆盖面积约为大陆面积的75%;大洋底部几乎全部由沉积岩或沉积物所覆盖。沉积岩是地壳发展历史的重要记录,一层层的沉积岩层犹如万卷书画向人们展示了地壳的发展历程。沉积岩中含有丰富的矿产,它提供了全部可燃性矿产(石油、天然气、煤)和90%的铁矿,铝、磷、钾、锡、铜、金、金刚石等矿产也主要来源于沉积岩,水泥也是沉积岩的加工制品,因此研究沉积岩具有巨大的科学价值和经济意义。

1. 沉积岩的基本形成过程

1)沉积物的形成及其主要类型

被运动介质搬运的物质到达适宜的场所后,由于条件发生改变而发生沉淀、堆积的过程,称为沉积作用。经过沉积作用形成的松散物质叫沉积物。陆地和海洋是地球表面最大的沉积单元,前者包括河流、湖泊、冰川等沉积环境,后者可分为滨海、浅海、半深海和深海等环境。尽管沉积物场所十分复杂,但沉积方式基本可以分为三种类型,即机械沉积、化学沉积和生物沉积。

2)成岩作用

松散沉积物经过一定物理、化学和生物化学的改造转变为沉积岩的过程称为成岩作用。沉积岩的成岩作用主要有压固作用、胶结作用、重结晶作用等。

压固作用:沉积物沉积后,由于上覆沉积物不断加厚,在重荷压力下所发生的作用。通过压固作用沉积物发生脱水,体积缩小,密度增大,松软的沉积物变成固结的岩石。

胶结作用:从孔隙溶液中沉淀出的矿物质(即胶结物)将松散的沉积物黏结而成的沉积岩的过程。

重结晶作用:在压力增大、温度升高的情况下,沉积物中的矿物组分部分发生溶解和再结晶,使非晶质变为结晶质,细粒晶变为粗粒晶,从而使沉积物固结成岩的过程。

2. 沉积岩的分类

国内外存在多种沉积岩的分类方案,本教材根据沉积岩的形成作用(冯增昭,1982,1992)划分沉积岩的基本类型(图2-2):

(1)主要由母岩(指原先存在的沉积岩、岩浆岩和变质岩)风化物质组成的沉积岩;

(2)主要由火山碎屑物质组成的沉积岩;

(3)主要由生物遗体组成的沉积岩;

（4）主要由宇宙物质来源组成的沉积岩。

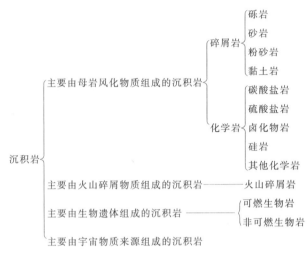

图2-2 沉积岩基本类型的划分

四、变质岩的基本特征

通过变质作用形成的岩石为变质岩。变质岩的特征一方面受到原岩控制，有明显的继承性；另一方面又具有变质作用下的矿物组合和结构构造。变质程度较浅时，岩石的化学成分一般没有变化。变质程度较深时，变质岩的化学成分有一定的变化。

变质岩的成分和结构比岩浆岩和沉积岩要复杂，因为这不仅取决于变质作用的种类，也与原来岩石的成分和结构有关。所以，变质岩的化学成分和结构变化范围都比较大。例如，由石灰岩经变质作用形成的大理岩中，几乎不含有 SiO_2；而由石英砂岩等经变质作用形成的石英岩中，SiO_2 高达 90%。

根据变质作用发生的地质条件和变质过程中起主导作用的物理化学因素，一般把变质作用划分为以下几个类型，并相应地划分变质岩的类型。

区域变质作用：区域变质作用是在岩石圈范围规模巨大的变质作用。其变质因素复杂，往往是温度、压力、偏应力和流体综合作用，p/T 比范围很大，高、中、低、很低都有。典型岩石为板岩、千枚岩、片岩等。

混合岩化作用：混合岩化作用是高级区域变质（造山变质）伴随的部分熔融产生的低熔物质（新成体）与变质岩（古成体）混合形成混合岩的大规模变质作用。它是变质作用向岩浆作用过渡的类型，又称为超变质作用。典型岩石为混合片麻岩、混合花岗岩等。

接触变质作用：接触变质作用是在岩浆岩体边缘和围岩的接触带上，由于岩浆的高温和从岩浆中分出的流体的影响而使岩石发生变质的作用。常见岩石为斑点板岩、云母角岩等。

气-液变质作用：由热的气体及溶液作用于已形成的岩石，使已有岩石产生矿物成分、化学成分及结构构造的变化,称为气-液变质作用。典型岩石为蛇纹岩、云英岩等。

碎裂变质作用:又称动力变质作用,是构造断裂活动中断裂带内的原岩在应力作用下,发生破碎、变形和重结晶作用的总称。典型岩石为构造角砾岩、压碎岩、千糜岩等。

一般来说,岩石的物理性质主要由三个方面的因素决定:第一,岩石的组成,包括组成岩石的矿物成分、岩石内部的孔隙度、岩石的饱和状态和孔隙流体的性质等;第二,岩石内部的结构,包括矿物颗粒的大小、形状及胶结情况,岩石内部的裂隙和其他不连续的界面等;第三,岩石所处的热力学环境,包括温度、压力和地应力场等。表2-1给出了地壳中常见的三类九种岩石的一些物理性质。从表2-1中可以看出,沉积岩的孔隙度比岩浆岩、变质岩大;而对于抗压强度,岩浆岩则明显高于沉积岩。因此,上面介绍的岩石分类方法对描述岩石的共同特性是十分有意义的。

表 2-1 常见岩石的一些物理性质

岩石类型		密度/ (g·cm^{-3})	孔隙度/ %	抗压强度/ MPa	抗拉强度/ MPa
岩浆岩	花岗岩	2.6~2.7	1	200~300	4~7
	闪长岩	2.7~2.9	0.5	230~270	
	玄武岩	2.7~2.8	1	150~200	
沉积岩	砂岩	2.1~2.5	5~30	35~100	1~2
	页岩	1.9~2.4	7~25	35~70	
	石灰岩	2.2~2.5	2~20	15~140	
变质岩	大理岩	2.5~2.8	0.5~2	70~200	4~7
	石英岩	2.5~2.6	1~2	100~270	
	板岩	2.4~2.6	0.5~5	100~200	

第三章　储层及其特征

第一节　储层的岩石学特征

一、储层及其分类

在天然状态下能够储存油气的地层称为油气储层,因此,它必须具备三个条件:一是具有储存油气的孔隙空间,如孔隙、裂隙和孔洞等;二是沟通孔隙空间的通道,使油气能够流动;三是封闭条件,以便在自然条件下油气不能逸散。储层通常按岩性分类,有时也按照孔隙类型或其他特征来划分。按岩性可以大致分为以下三类。

1. 碎屑岩储层

碎屑岩储层包括砾岩、砂岩、粉砂岩等。目前,世界上大约有40%的油气储量属于这一类储层。这类储层在我国中—新生代含油气层系中广泛分布。

碎屑岩由矿物碎屑、岩石碎屑和胶结物结合而成。碎屑又可分为颗粒和充填在颗粒间的基质两部分。最常见的矿物颗粒为石英、长石和云母。岩石碎屑由母岩的类型决定。基质由颗粒的磨蚀产物(粒径一般不大于粉砂级)和黏土矿物等组成。最常见的胶结物是氧化硅、碳酸盐和各种氧化物。按照类似十进位标准的碎屑岩粒度分级,如表3-1所示。其中粉砂和黏土构成通常所说的泥质(在不同的粒度分级方法中,数值大小有些差别)。根据各粒级颗粒的含量确定岩石名称时,某一粒级的质量百分比超过一半时,定为主名;质量百分比在10%～25%时,称为"含";在25%～50%时,称为"质",且"含"列于"质"之前。因为碎屑岩的成分对储集性质有一定影响,所以碎屑岩定名时,有时把主要碎屑成分加上,例如长石砂岩和石英砂岩等。

碎屑岩的胶结成分、数量及胶结形式,对岩石储集性有很大的影响。胶结物含量多时,也应参加岩石定名。例如,砂岩中钙质胶结物含量达25%～50%时,叫作钙质砂岩。

碎屑岩储层的矿物成分,首先和碎屑的化学成熟度和结构成熟度有关,其次和胶结物的性质有关。化学成熟度愈高,岩石中稳定的矿物——石英含量愈高;化学成熟度愈低,含不稳定的长石、云母以及岩石碎屑愈多,杂砂岩和长石砂岩就属于这种情况。因此,化学成熟度可以由石英与长石的含量比,或者近似地由钾含量和放射性来表示。

结构成熟度由基质百分数和分选程度决定。在一定程度上碎屑和黏土的含量是结构成熟度的标志,黏土含量愈低,结构成熟度愈高。

化学成熟度和结构成熟度不一定同时出现,例如有些砾岩表现出很高的结构成熟度,但却有很低的化学成熟度;有些细砂岩可能是高化学成熟度,却是低结构成熟度。从油田开发或测井解释的观点,了解这两种成熟度都是重要的。显然,成熟度低的储层,将增加测井解释的难度。

砂岩中的孔隙以粒间孔隙为主,岩石中孔隙空间所占的比例和颗粒分选程度与黏土含量,即结构成熟度有关。

2. 碳酸盐岩储层

就全世界而言,碳酸盐岩储层占比很大,大约有50%的油气储量和60%的油气产量来自这一类储层。常见的碳酸盐岩按矿物成分可分为石灰岩类和白云岩类,中间也存在一些过渡类型。碳酸盐岩的成因类型很多,因此储层的孔隙类型也比较复杂,但基本上可以分为两类:一类是原生孔隙,如生物灰岩中生物遗骸之间的孔隙,鲕状灰岩中鲕粒之间的孔隙等;另一类是次生孔隙,它是在成岩后由于溶解作用、白云岩化作用、重结晶作用、风化作用以及构造运动形成的各种孔隙、溶洞和裂缝等。由于碳酸盐岩孔隙类型比较多,特征比较复杂,所以在测井资料解释时遇到的问题也多一些。

3. 其他岩石类型储层

除了上述两种岩石以外的岩石所形成的储层,如岩浆岩、变质岩等属于这一类。这类岩石的骨架孔隙度一般都很小,一些火山岩储层即使孔隙很大,其连通性也很差,但是当裂缝发育时,也可形成良好的储层。它的矿物成分一般相当复杂,有时还要加上风化产物。这类储层虽然在世界各油气田中所占的比例不大,但在一些油气田中却有很高的产量。近年来,我国在这类储层中有许多重大发现,因此,在研究中也是不容忽视的。

由于孔隙和裂隙对地层物理性质的影响不同,往往需要采用不同的评价方法,所以地层评价中常把储层按孔隙类型划分,如孔隙性储层和裂缝性储层,以及孔隙-裂隙性储层等。

对于孔隙性储层,按照岩性是否稳定和含泥质情况不同,又可划分为不同的储层测井解释模型,例如,岩性稳定的不含泥质储层、岩性变化的不含泥质的储层、岩性稳定的含泥质储层和岩性变化的含泥质储层等。

第二节 储层的骨架特征

岩石的骨架是由性质不同、形状各异、大小不等的颗粒经胶结作用而成。颗粒的大小、形状和排列方式,胶结物的成分、数量、性质以及胶结方式,都将影响到岩石骨架的性质,进而影响到岩石的各种物理性质。

一、岩石粒度

岩石粒度是指矿物或者颗粒的大小,通常用其直径表示。表 3-1 为碎屑岩的粒度分级表。

表 3-1 碎屑岩的粒度(类似十进制)分级

岩石名称	粒级划分	颗粒直径/mm
砾岩	巨砾	≥1000
	粗砾	100～<1000
	中砾	10～<100
	细砾	2～<10
砂岩	巨砂	1～<2
	粗砂	0.5～<1
	中砂	0.25～<0.5
	细砂	0.1～<0.25
	微粒砂	0.05～<0.1
粉砂岩	粗粉砂	0.01～<0.05
	细粉砂	0.004～<0.01
黏土	—	<0.004

粒度组成是指构成岩石的各种大小不同的颗粒的含量,通常以百分数来表示,即不同粒径颗粒在全部岩石颗粒中所占的比例,其计算公式见式(3-1)。

$$G_i = W_i / \sum W_i \times 100\% \tag{3-1}$$

式中,W_i 为第 i 种粒径颗粒的质量,单位为 g;G_i 为第 i 种粒径颗粒的质量分数,单位为%。

沉积物颗粒的粒径范围从小于 0.01mm 到数米。粒径分级从巨砾到黏土,粒径的不同意味着这些沉积物的物源地、搬运类型和矿物硬度的不同。颗粒呈棱角状表示离物源地较近。球形光滑的颗粒暗示着被水流搬运了一定距离。

粒度组成分布规律大多为正态或近似正态分布。目前通常用粒度组成分布曲线(图 3-1)和粒度组成累积分布曲线(图 3-2)来表示粒度分布。粒度组成分布曲线表示各种粒径的颗粒所占的百分比,可用它来确定任一粒级在岩石中的含量。曲线尖峰越高,说明该岩石以某一粒径颗粒为主,即岩石组成越均匀;曲线尖峰越靠右,说明岩石颗粒越粗。通常把图 3-2 上对应累积质量分数为 50% 时的粒径称为粒度中值。粒度组成累积分布曲线以累积质量分数为纵坐标,以粒级为横坐标,该曲线也能直观地表示出岩石粒度组成的均匀程度。不同沉积环境组成的碎屑岩沉积物的累积频率曲线形态不同,分选好的岩石,粒度分布范围窄,累积频率曲线陡;反之,累积频率曲线较平缓。

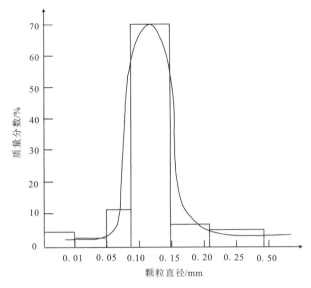

图3-1 粒度组成分布曲线

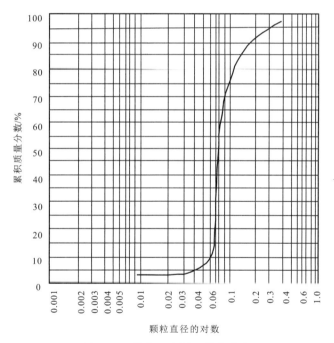

图3-2 粒度组成累积分布曲线

二、岩石比面

比面定义为单位体积岩石内孔隙的总内表面积,其数学表达式为:

$$S = \frac{A}{V} \tag{3-2}$$

式中，S 为比面，单位为 cm^2/cm^3；A 为岩石孔隙的总内表面积，单位为 cm^2；V 为岩石的体积，单位为 cm^3。

当颗粒间是点接触时，岩石孔隙的总内表面积即为所有颗粒的总表面积。例如半径为 R 的球体所组成的岩石，R 越小，岩石比面越大。例如：砂岩（颗粒半径为 $1\sim0.25mm$）的比面小于 $950cm^2/cm^3$；细砂岩（颗粒半径为 $0.25\sim0.1mm$）的比面范围是 $950\sim2300cm^2/cm^3$；泥质砂岩（颗粒半径为 $0.1\sim0.001mm$）的比面大于 $2300cm^2/cm^3$。

岩石骨架表面是流体流动的边界，对流体在岩石中的流动有较大的影响。岩石与流体接触时所产生的表面现象、流体在岩石中的流动阻力、岩石的渗透性、岩石的孔隙度以及骨架表面对流体的吸附量等都与岩石比面有关。

岩石比面的大小受颗粒粒径、颗粒排列方式、颗粒形状、颗粒胶结方式和胶结物含量等因素的综合影响。胶结物含量对岩石比面的影响取决于胶结物的类型、晶粒大小。一般孔隙度相同时，颗粒粒径小的比面比颗粒粒径大的比面大，扁圆形颗粒的比面要比圆球形的比面大，颗粒间胶结物含量少的比胶结物含量大的比面大。

三、胶结物及胶结类型

储层岩石的胶结物是除碎屑颗粒以外的化学沉淀物质，一般是结晶的或非结晶的自生矿物，在砂岩中含量不大于 50%。它对颗粒起胶结作用，使之成为坚硬的岩石。

胶结物的含量增加总是使岩石的储集性变差，胶结物的成分可分为泥质、钙质（灰质）、硫酸盐、硅质与铁质，但最常见的是泥质、灰质及硫酸盐。

胶结物在岩石中的分布情况以及它们与碎屑颗粒的接触关系称为胶结类型。它通常取决于胶结物的成分和含量的多少、生成条件以及沉积后的一系列变化等因素。胶结方式可分为基底式胶结、孔隙式胶结及接触式胶结（图 3-3）。

基底式胶结：胶结物含量比较高。碎屑颗粒孤立分布于胶结物之中，彼此不相接触或少数颗粒接触。由于胶结物与碎屑颗粒同时沉积，故也称原生胶结，胶结强度高。孔隙类型为胶结物内的微孔，其储集性很差。

孔隙式胶结：胶结物填充于颗粒之间的孔隙中，颗粒成支架状接触，胶结物多是次生的，分布不均匀，多填充于大的孔隙中，胶结强度次于基底式胶结。

接触式胶结：胶结物含量很少，一般小于 5%，仅分布于颗粒互相接触的地方，呈点状或线状接触，胶结物多为原生或碎屑风化物质，常见的为泥质。此种胶结方式的储集性最好。

储层的胶结类型往往不是单一出现，而是呈混合式的。

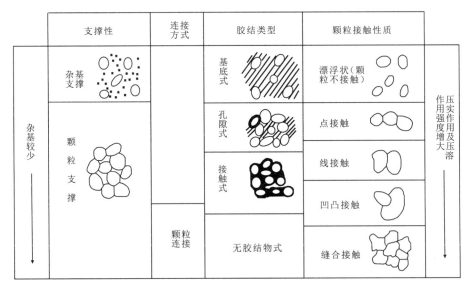

图 3-3 胶结类型

四、黏土的矿物产状及分布

泥质是沉积岩颗粒中粒度小于 0.01mm 的物质的总称。黏土是指天然的土状细粒集合体,当它与少量的水混合时具有可塑性。它的化学成分主要为氧化硅、氧化铝、水以及少量的铁、碱金属和碱土金属氧化物。

黏土矿物种类很多,常见的黏土矿物主要是高岭石、伊利石、蒙脱石和绿泥石。这些黏土矿物的主要物理特性如表 3-2 所列。岩石中黏土矿物的性质,随风化程度、成岩作用和含水情况等不同而变化。因此,不同研究人员得到的数值有些差别。

表 3-2 主要黏土矿物的特性

名称	高岭石	伊利石	蒙脱石	绿泥石
化学分子式	$Al_4(Si_4O_{10})(OH)_8$	$K_{1\sim1.5}Al_4$ $[Si_{7\sim8.5}Al_{1\sim1.5}O_{20}(OH)_4]$	$(Ca,Na)_7$ $(Al,Mg,Fe)_4$ $(Si,Al)_8O_{20}(OH)_4$	$(Mg,Al,Fe)_{12}$ $[(Si,Al)_8O_{20}](OH)_{16}$
密度/(g·cm^{-3})	2.6~2.7	2.6~2.9	2.2~2.7	2.6~2.96
平均密度/(g·cm^{-3})	2.63	2.65	2.53	2.79
光电吸收系数 P_e/(b·e^{-1})	1.84	3.55	2.3	6.33
含氢指数	0.36	0.12	0.13	0.34

续表 3-2

名称		高岭石	伊利石	蒙脱石	绿泥石
比面/$(cm^2 \cdot cm^{-3})$		$(15\sim40)\times10^4$	113×10^4	$(700\sim800)\times10^4$	42×10^4
阳离子交换量 CEC/$(mmol\cdot(100g)^{-1})$		$3\sim25$	$10\sim40$	$80\sim150$	$10\sim40$
自然伽马能谱（平均值）	$W(K)/\%$	0.42	4.5	0.16	
	$W(U)/$ $(mg\cdot kg^{-1})$	$1.5\sim3$	1.5	$2\sim5$	
	$W(Th)/$ $(mg\cdot kg^{-1})$	$6\sim19$	<2	$14\sim24$	

黏土矿物的产状对储集性岩石内的流体运动影响较大，一般分为分散状、薄层状、搭桥状（图 3-4）。在分散状产状中，黏土以分散的形式分布在孔隙中。如果黏土附着于孔隙壁上，形成一个相对连续的薄黏土矿物层，则形成薄层状产状。搭桥状是指黏土矿物黏附于孔隙壁表面且伸长很远，整个横跨孔隙，像搭桥一样，把颗粒间的孔隙分隔成为大量的微孔隙。

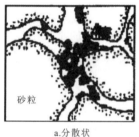
a.分散状

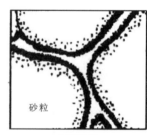
b.薄层状

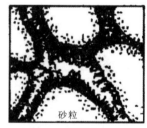
c.搭桥状

图 3-4 孔隙内黏土矿物的典型产状

第三节 储层的孔隙类型与孔隙度

一、储层岩石的孔隙类型

岩石颗粒间未被胶结物质充满或未被其他固体物质占据的空间统称为空隙。地球上没有空隙的岩石是不存在的，只是不同岩石的空隙大小、形状和发育程度不同而已；除砂岩颗粒间存在空隙外，碳酸盐岩中可溶成分受地下水溶蚀后能形成空隙；岩浆岩由于成岩时气体占据而形成空隙；各种岩石在地应力、构造应力及地质作用后产生裂缝（微裂缝）形成另一类形式的空隙。

空隙按几何尺寸或形状分为孔隙(一般指砂岩)、孔洞(一般指碳酸盐岩)和裂缝。由于孔隙是最普遍的形式,所以常笼统地将空隙统称为孔隙。

储层中孔隙的形状、大小、发育程度、形成过程非常复杂,差异明显。为了研究方便,本书从各种角度出发对孔隙进行了分类与描述。

1. 岩石的孔隙类型——Meinzer 分类

Meinzer 按储层岩石的孔隙组成和孔隙间的相互作用,将岩石的孔隙分为六种类型,如图 3-5 所示。图中 a 为分选好、孔隙度高的沉积物中的孔隙;b 为分选差、孔隙度低的沉积物中的孔隙;c 为砾石沉积物,砾石本身也是多孔的,因而整个沉积物孔隙度高;d 沉积物分选好,但颗粒间有胶结物沉积,所以孔隙度低;e 为溶蚀作用形成的多孔岩石;f 为由断裂形成的有胶结物的多孔岩石。

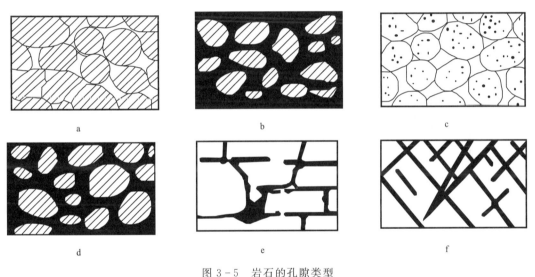

图 3-5 岩石的孔隙类型

2. 按孔隙大小的分类

(1)超毛细管孔隙:孔隙直径大于 0.5mm 或裂缝宽度大于 0.25mm 的孔隙。在此类孔隙中,流体在重力作用下可自由流动。岩石中一些大的裂缝、溶洞及未胶结不紧密的砂岩孔隙多属此类。

(2)毛细管孔隙:孔隙直径介于 0.5~0.000 2mm 之间,或裂缝宽度介于 0.25~0.000 1mm 之间。砂岩中的孔隙大多属于此类。在此类孔隙中,孔隙壁面固体分子对流体分子的作用力较大,如果存在两相流体,则存在毛细管力,液体不能自由流动。但在一定压差作用下,液体在毛细管内可以流动。

(3)微毛细管孔隙：指孔隙直径小于 0.000 2mm、裂缝宽度小于 0.000 1mm 的孔隙。在此类孔隙中，分子间的引力很大，要使液体在孔隙中移动需要非常高的压力梯度，这在储层条件下一般很难达到。因此，人们常将孔隙直径 0.000 2mm 作为流体能否在其中流动的分界线。泥岩和页岩中包含大量此类孔隙。

3. 按成因分类

孔隙按成因分为原生孔隙与次生孔隙。原生孔隙是与沉积过程同时生成的孔隙，如粒间孔隙；次生孔隙是沉积作用后由于各种原因形成的孔隙，如地下水作用形成的溶孔、溶洞，或在构造应力作用下破裂形成的裂隙。

4. 按组合关系的分类

孔隙按组合关系分为孔道和喉道。孔道是较大的孔洞（简称孔）；喉道指连接大孔隙之间的细小通道（简称喉）。

5. 按连通性

孔隙按连通性分为连通孔隙和死孔隙。岩石中绝大多数孔隙都是连通的，也有不连通的死孔隙。

二、储层岩石的孔隙度

1. 孔隙度的定义

岩石孔隙体积大小用孔隙度定量描述。孔隙体积与岩石总体积之比定义为孔隙度（φ），通常以百分数（%）来表示，如假定 V 表示一块岩石的总体积，V_s 表示这块岩石中固体部分的体积，V_p 表示这块岩石中孔隙的体积，则孔隙度为：

$$\varphi = \frac{V_p}{V} \times 100\% = \frac{V - V_s}{V} \times 100\% \tag{3-3}$$

在不同类型的孔隙中，流体的可流动情况有很大差别。因此，从油田开发的角度考虑，只有那种既能储集油气，又可让其渗流通过的连通孔隙才具有实际意义。为此，根据孔隙的连通情况可分为连通孔隙和不连通孔隙。参与渗流的连通孔隙为有效孔隙，不参与渗流的连通孔隙则为无效孔隙。因此，在实际应用中引入了总孔隙度（绝对孔隙度）、有效孔隙度（连通孔隙度）及流动孔隙度等概念。

岩石的总孔隙度或绝对孔隙度 φ_t 是指岩石的总孔隙体积 V_{pt} 与岩石外表体积 V 之比，即：

$$\varphi_t = \frac{V_{pt}}{V} \times 100\% \tag{3-4}$$

岩石的有效孔隙 φ_e 是指岩石中有效孔隙的体积 V_{pe} 与岩石外表体积 V 之比。有效体积是指在一定压差下被油气饱和并参与渗流的连通孔隙体积，即：

$$\varphi_e = \frac{V_{pe}}{V} \times 100\% \quad (3-5)$$

有些孔隙虽然彼此连通但由于孔隙的喉道半径极小，在通常的开采压差下仍难以使流体流过，又如在亲水岩石孔壁表面常存在着水膜，相应地缩小了油流动的孔隙通道。因此，在连通孔隙基础上，进一步引出了流动孔隙度 φ_f 的概念。

流动孔隙度是指在含油岩石中，流体能在其内流动的孔隙体积 V_{pf} 与岩石外表体积 V 之比，即：

$$\varphi_f = \frac{V_{pf}}{V} \times 100\% \quad (3-6)$$

流动孔隙度与有效孔隙度的区别在于：它随地层中的压力梯度和液体的物理-化学性质等不同而变化。三种孔隙度之间的关系是：$\varphi_t > \varphi_e > \varphi_f$。对于储集性较好的岩石，三者差别较小；当岩石储集性很差时，三者的差别是比较明显的。

当孔隙具有双重孔隙系统时，如裂缝-粒间孔隙系统，总孔隙度 φ_t 为粒间孔隙度 φ_1 和裂缝孔隙度 φ_2 之和。

$$\varphi_t = \varphi_1 + \varphi_2 \quad (3-7)$$

2. 影响孔隙度的因素

影响岩石孔隙度的因素主要包括岩石颗粒成分、形状、大小、排列方式、分选程度，胶结物的成分和含量，以及成岩后生作用等。

1）矿物成分与胶结物的影响

岩石中的矿物成分将影响颗粒形态，如石英为粒状，云母为片状，黏土矿物遇水发生膨胀将降低岩石孔隙度。

自然界的岩石，一般都在其孔隙中发育各种胶结物，如硅质、钙质和泥质等胶结物。因此，胶结物越多，占的孔隙越多，自然就影响到岩石的孔隙度。

2）颗粒形状、大小、排列方式、分选程度的影响

岩石中的矿物或碎屑物颗粒的粒度、颗粒的排列方式、粒度的均匀性、各粒级的含量以及颗粒的形状等都直接影响到岩石的孔隙度。一般来说，颗粒度均匀的岩石其孔隙度大于非均匀的岩石（图3-6），大颗粒与细颗粒混合时，细颗粒越多其孔隙度越小。粒状、片状和柱状颗粒组成的岩石，一般粒状的孔隙度大于片状和柱状，片状和柱状颗粒的定向程度越高，其孔隙度就越小。颗粒的排列方式不同也影响岩石的孔隙度，如等大球体颗粒立方排列时孔隙度为47.6%，而菱状排列时为25.9%。

3）埋藏深度与压实作用的影响

随着储层埋深的增加和上覆岩层的加厚，地层静压力和温度也随着增加，岩石颗粒排列更加紧密，颗粒间发生非弹性的、不可逆的移动，致使孔隙度急剧下降。当颗粒排列达到最

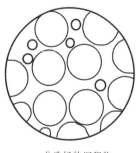 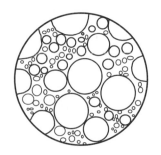

a. 分选好的沉积物 b. 分选差的沉积物 c. 大球体间隙
$\varphi \approx 32\%$　　　$\varphi \approx 17\%$　　　被小球体填充

图 3-6　分选程度对岩石孔隙度的影响

大紧密限度时,若上覆地层压力继续增大,就会使颗粒在接触点上局部压溶,溶解的矿物(如石英)在孔隙空间内形成新的矿物晶体,这将导致孔隙度继续降低,严重时可导致孔隙消失,使地层没有渗透性。

4) 成岩后生作用

成岩后生作用对岩石孔隙性的影响主要分为两个方面:第一,受构造力作用储层岩石产生微裂隙,使岩石的孔隙度增加;第二,地下水溶蚀岩石颗粒及胶结物使岩石孔隙度增加,而地下水中的矿物质沉淀充填,缩小岩石孔隙,导致岩石孔隙度降低。

三、岩石孔隙度的测量

岩石孔隙度的测量方法可归纳为两类,一类是在实验室测岩芯,另一类是在钻孔中利用地球物理测井方法原位测定岩石孔隙度。本节仅介绍前者。

1. 岩石总体积的测定

几何法:适用于胶结较好、钻切不易破碎的岩石,直接测量总体积。

封蜡法:适用于胶结疏松、易碎的岩石,可用式(3-8)计算总体积 V_T。

$$V_T = \frac{W_2 - W_3}{\rho_w} - \frac{W_2 - W_1}{\rho_p} \qquad (3-8)$$

式中,W_1 为岩石的干质量,单位为 g;W_2 为岩石封蜡后的质量,单位为 g;W_3 为封蜡后的岩石置于水中的质量,单位为 g;ρ_w 为水密度,单位为 g/cm³;ρ_p 为蜡密度,单位为 g/cm³。

饱和煤油法:适用于外表不规则的岩芯样品,可用式(3-9)计算总体积 V_T。

$$V_T = \frac{W_1 - W_2}{\rho_0} \qquad (3-9)$$

式中,W_1 为饱和煤油岩石在空气中的质量,单位为 g;W_2 为饱和煤油岩石在煤油中的质量,单位为 g;ρ_0 为煤油密度,单位为 g/cm³。

水银法:适用于水银不能进入岩石孔隙的不规则样品,可用式(3-10)计算岩石样品总体积 V_T。

$$V_T = V_1 - V_2 \qquad (3-10)$$

式中，V_1 为岩样装入岩样室后水银的体积，单位为 cm^3；V_2 为岩样装入岩样室前水银的体积，单位为 cm^3。

2. 岩石骨架体积的测定

图 3-7 为测量岩石骨架体积的原理图。气体膨胀法测定岩石骨架体积时，需要对岩石样品进行抽提、清洗和烘干，并预制成直径 2.5cm、长 4～6cm 的圆柱体。已知标准气室体积为 V_k，岩芯室体积为 V，岩样骨架体积为 V_{ma}，则岩芯放入后岩芯室的剩余体积为 $V - V_{ma}$。

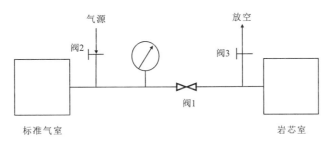

图 3-7 测量岩样骨架体积的原理图

测试步骤如下：①将岩样放入岩芯室；②将气体充入标准气室，关闭阀 2，记录压力平衡后压力 p_k；③打开阀 1，使气体向岩芯室做等温膨胀，记录气体膨胀后最终压力 p；④打开阀 3，对系统中气体进行放空。

根据波义尔定律，可推得岩石骨架体积的计算公式为：

$$V_{ma} = V - \frac{V_k(p_k - p)}{p} \qquad (3-11)$$

3. 岩石孔隙体积的测定

气体膨胀法测定岩石孔隙体积原理与气体膨胀法测定岩石骨架体积原理相同，两者测试方法的区别在于前者将岩芯放置在已知体积的岩芯室中，后者需要用橡胶套包裹岩芯并放在夹持器中，两者的测试步骤相同。

目前我国广泛采用此方法测定岩石的孔隙体积，进而求得孔隙度，所用的气体为氮气或氦气。因氦气分子量低，对岩石具有较高的渗透能力，有利于进入岩石孔隙中，故对于较为致密的灰岩和孔隙较小的岩石多采用氦气测定岩石孔隙体积。

第四节 岩石的渗透率

在储层研究中，孔隙性与渗透性是岩石重要的物性参数，其中孔隙性决定了岩石的储集性能,用孔隙度表示。而渗透性是岩石在一定压差作用下,允许流体通过的性能,常用渗透率表示。

一、达西定律

法国水利学家达西(Darcy)在1856年发布了流体在多孔隙度介质中流动规律的实验结果,其实验仪器设计见图3-8。他用同一粒径的砂填充成一段未胶结砂柱,进行水流渗滤实验。实验发现:当水通过砂柱时,其流量与砂柱截面积(A)、进出口端的压差(ΔH 或 Δp)成正比,与砂柱的长度(L)成反比。采用不同流体时,流量与流体黏度成反比。采用不同粒径的砂粒时,其他条件(如 A、L、μ、Δp)相同时,砂柱粒径不同,其流量不同。将这些参数和规律表示成方程的形式就是著名的达西定律:

$$Q = K \frac{A \Delta p}{\mu L} \tag{3-12}$$

式中,Q 为在压差 Δp 下通过砂柱的流量,单位为 cm^3/s;A 为砂柱截面积,单位为 cm^2;L 为砂柱长度,单位为 cm;μ 为通过砂柱的流体黏度,单位为 $mPa \cdot s$;Δp 为流体通过砂柱前后的压力差,单位为 $10^{-1}MPa$;K 为比例系数,称为该孔隙介质的绝对渗透率,单位为 D($1D = 0.987\mu m^2$)。

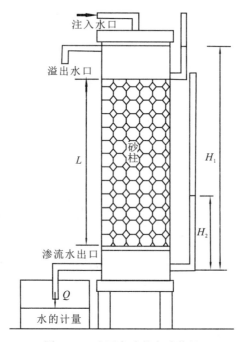

图 3-8 达西实验的实验装置

事实上,达西定律适用于各种多孔介质,包括由砂粒胶结而成的岩石。K 值仅取决于多孔介质的孔隙结构,与流体或孔隙介质的外部几何尺寸无关,因此称为岩石的绝对渗透率。

上式采用达西单位制,渗透率的单位是达西,记为 D。其物理意义是:黏度为 1mPa·s 的流体,在压差 1×10^{-1} MPa 作用下,通过截面积 $1cm^2$、长度 1cm 的多孔介质,其流量为 $1cm^3/s$ 时,该多孔介质的渗透率就是 1 达西。

将式(3-12)变换可得:

$$K=\frac{Q\mu L}{A\Delta p} \qquad (3-13)$$

大多数情况下油气储层岩石渗透率不高于 1 达西,因此常用毫达西(mD)来表示渗透率。渗透率的单位换算为:$1D=1000mD=1\mu m^2$。目前,世界多国均认毫达西(mD)作为渗透率的单位。

二、岩石渗透率概念

当岩石中 100% 含有单相流体时,由式(3-13)定义的渗透率是岩石的绝对渗透率。当岩石中含有多相流体时,每相流体的渗透率称为该相流体的有效渗透率。例如在孔隙中存在油和水两相液体时,油或水的渗透率即为有效渗透率。有效渗透率与绝对渗透率的比值称为相对渗透率。在多相流体同时存在时,通常用相对渗透率来衡量某种流体通过岩石的难易程度。图 3-9 是油—水、气—水和气—油两相流体情况下的相对渗透率的示意图。

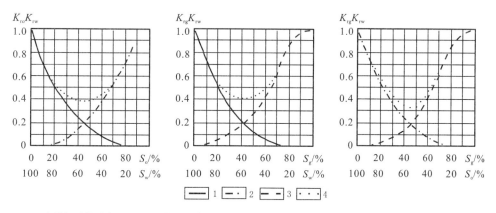

1.水的相对渗透率 K_{rw};2.油的相对渗透率 K_{ro};3.天然气的相对渗透率 K_{rg};4.相对渗透率总和。

图 3-9 相对渗透率与饱和度的关系

注:S_w 为含水饱和度;S_o 为含油饱和度;S_g 为含气饱和度。

从图 3-9 可以看出,相对渗透率随流体的相对数量不同而变化。例如,在油—水两相的情况下,当含水饱和度低于束缚水饱和度 S_{wi} 时,水的相对渗透率接近于零,则地层全出油,相反,当含油饱和度在某一数值以下时,地层全出水。可见,纯出油地层并不是说地层中完全没有水。

从图 3-9 还可以看出,相对渗透率之和都不等于 1,这是由于不同流体之间相互阻碍流动的结果。

在指定的含水饱和度下,油或水流动的体积(Q)不仅是相对渗透率的函数,也和流体的黏度有关:

$$\frac{Q_o}{Q_w} = \frac{K_{ro}\mu_w}{K_{rw}\mu_o} \tag{3-14}$$

式中,Q_o 为油流动的体积;Q_w 为水流动的体积;μ_w 为水黏度;μ_o 为油黏度。

渗透率和碎屑岩结构的关系是:颗粒尺寸愈大,渗透率愈大;颗粒的分选性愈好,渗透性亦愈好;颗粒排列愈紧,即岩石愈压实,则渗透率降低;基质和胶结物增加时,渗透率降低。

储层的渗透率往往具有方向性,平行于层理面的渗透率 K_H 一般大于垂直层理面的渗透率 K_V。

三、影响岩石渗透率的因素

储层岩石渗透率主要受储层形成环境、成岩作用和岩石结构等因素的影响。

1. 沉积作用

1)岩石骨架构成、岩石构造

岩石的颗粒粒度、颗粒分选性、胶结物和层理等特性对渗透率均有影响。疏松砂岩的粒度越细,分选性越差,其渗透性越低。

岩石构造,如交错层理、波状层理、递变层理,对渗透率影响甚大。在正韵律沉积岩层中,由于粒度向上逐渐变细,渗透率也相应降低,因此注水时,油层下部会出现过早水淹的情况。而同一砂岩层中垂向和水平方向的渗透率也有显著差别。

对于碳酸盐岩来说,只具有原生孔隙的碳酸盐岩其水平渗透率大于垂向渗透率,而具有次生裂缝的碳酸盐岩其垂向渗透率可能大于水平渗透率。

2)岩石孔隙结构的影响

高才尼与卡尔曼导出下列公式:

$$K = \frac{\varphi^3}{2\tau^2 S_s^2 (1-\varphi)^2} \tag{3-15}$$

$$K = \frac{\varphi \times r^2}{8\tau^2} \tag{3-16}$$

式中,S_s 是以岩石骨架为基础的比面;τ 为孔道迂曲度;r 为岩石孔喉半径。

从式(3-15)、(3-16)可以看出,渗透率 K 与孔隙度 φ 成一次方关系,与岩石孔喉半径 r 及比面 S 成二次方关系。说明岩石渗透率不仅与孔隙度有关,同时还取决于孔隙结构的特性,如孔喉半径和比面。粒度细、孔喉半径小,则岩石比面大,渗透率低。

2. 成岩作用

1)地层静压力的影响

大量的研究表明地层静压力对岩石渗透率有重要的影响,即随着地层静压力增大,岩石渗透率逐渐减小。通过实验得到的地层静压力与砂岩岩石渗透率的关系曲线如图3-10所示,从图中可看出,地层静压力越大,岩石渗透率越小。

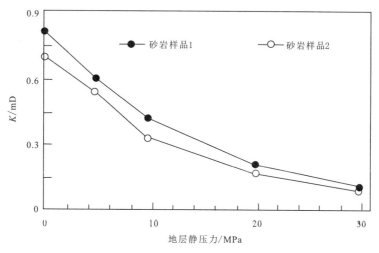

图3-10 地层静压力与砂岩岩石渗透率的关系

2)胶结作用和溶蚀作用

无论早期成岩阶段,还是晚期成岩阶段,胶结物质的沉淀和胶结作用都会使孔隙通道变小,孔喉比增加,粗糙度增大,因而使渗透率降低。溶蚀作用使孔隙度增大,但对于渗透率来说,有时可能增大,有时增加不明显。这是因为溶蚀作用的次生孔隙一般很不规则,孔喉比和迂曲度大。

3. 构造作用与其他作用

构造作用形成的断裂和裂隙使储层孔隙度和渗透率均增大。特别是对碳酸盐岩储层,可能使原本非渗透的碳酸盐岩储层变为具有高、中渗透率的储层。流体或多或少地会与岩石发生物理化学作用,流体的性质影响渗透率,如黏土矿物遇到地层水会产生膨胀作用,堵塞孔道,使渗透率降低。高黏度原油流动引起泥质转移,或在孔隙表面吸附沥青质、石蜡、胶质等,从而引起渗透率下降。

四、岩石渗透率的测定

岩石渗透率的实验室测定方法都是基于达西定律,所以尽管采用各种不同的仪器设备,但原理基本都是一致的。只要测出岩芯样品两端的压力差和通过样品的流量,便可以依据所用流体的黏度,利用相应的达西公式计算出渗透率。

第五节 岩石的密度

密度是岩石的一种固有性质,表示岩石的质量与体积之间的比值关系。其具体数值与岩石的结构构造、矿物组合、物质成分、孔隙度、饱和度、孔隙充填物的物理性质及岩石所处环境的温度和压力有关。

岩石密度对地球局部的重力场及地震波的传播速度和反射系数有重要影响,同时还影响岩石的热导率和对 γ 射线的吸收与散射。地壳内不同地质体之间存在的密度差异,是开展重力勘探工作的地球物理前提条件。对岩石的密度测定以及对测定结果的研究是重力勘探工作的一个重要内容。

在地壳中,不同深度、不同成因、不同构造区域、不同后期变化的岩石,由于所经历的地质作用不同,密度也具有相应变化。因此,岩石密度不但是地球物理学中的基本参数,也是研究地质问题的重要信息。

一、岩石密度的基本概念

岩石是由固相骨架及其孔隙流体所组成的复杂集合体。按照物质密度的定义,根据岩石的存在状态和组成等,可见以下几种类型的岩石密度,即岩石骨架密度(岩石真密度)、岩石颗粒密度、岩石体密度。一般在不特别说明的情况下,岩石密度都是指其体密度。

1. 岩石的骨架密度

岩石的骨架密度定义为单位体积岩石固体物质(骨架)的质量,即:
$$\rho_{ma} = m_{ma}/V_b \tag{3-17}$$
式中,m_{ma} 为岩石固体部分质量,单位为 kg;V_b 为岩石体积,单位为 m^3;ρ_{ma} 为骨架密度,单位为 kg/m^3。

2. 岩石的颗粒密度

岩石的颗粒密度 ρ_{grain} 可用下式计算。
$$\rho_{grain} = m_{grain}/V_{grain} \tag{3-18}$$
式中,m_{grain} 为颗粒质量,单位为 kg;V_{grain} 为颗粒体积,单位为 m^3;ρ_{grain} 为颗粒密度,单位为 kg/m^3。

常见矿物的密度见表 3-3。

表 3-3 常见矿物密度

名称	密度/(g·cm^{-3})	名称	密度/(g·cm^{-3})	名称	密度/(g·cm^{-3})
石英	2.65	角闪石	3.62～3.65	白钨矿	5.9～6.2
正长石	2.55～2.63	白云母	2.77～2.88	赤铁矿	4.5～5.2
方解石	2.72～2.94	绿高岭石	1.72～2.5	磁铁矿	4.8～5.2
白云石	2.86～2.93	叶绿泥石	2.6～3.0	黄铁矿	4.9～5.2
重晶石	4.4～4.7	石墨	2.09～2.25	钛铁矿	4.5～5.0
刚玉	3.9～4.0	辉铜矿	5.5～5.8	磁黄铁矿	4.3～4.8
石膏	2.2～2.5	斑铜矿	4.9～5.2	铬铁矿	3.2～4.4
金刚石	2.6～2.9	锰矿	3.4～6.0	黄铜矿	4.1～4.3

3. 岩石的体密度

岩石的体密度定义为单位体积岩石的质量，即：

$$\rho_b = m/V_b \tag{3-19}$$

式中，m 为岩石质量，单位为 kg；V_b 为岩石体积，单位为 m^3；ρ_b 为岩石体积密度，单位为 kg/m^3；在实际使用时，密度的单位为 g/cm^3。

岩石体密度取决于其各种物质组成和含量，在已知岩石组成、含量及各组成密度的情况下，岩石体密度可按岩石各组成成分的体积加权获得，即：

$$\rho_b = \sum_i \frac{V_i}{V_b} \rho_i \tag{3-20}$$

式中，ρ_i 为第 i 种成分的密度，单位为 kg/m^3；V_i 为第 i 种成分的体积，单位为 m^3。

在研究岩石物理方面的问题时，常常按照其组成，把岩石简化成几个物理性质单一的部分（图 3-11），并认为岩石整体的物理性质是各单一组成部分物理性质的体积加权代数和。根据岩石体积物理模型，岩石的物理性质是岩石骨架、黏土矿物、地层水、烃类（石油和天然气）的物理性质的体积加权代数和，其数学表达式为：

$$W = \sum W_i V_i = W_{ma} V_{ma} + W_{sh} V_{sh} + W_w V_w + W_h V_h \tag{3-21}$$

$$V_{ma} + V_{sh} + V_w + V_h = 1 \tag{3-22}$$

图 3-11 岩石体积物理模型

式中，W 为岩石的物理性质；W_{ma} 为岩石骨架的物理性质；W_{sh} 为黏土矿物的物理性质；W_w 为地层水的物理性质；W_h 为烃类的物理性质；V_{ma} 为岩石骨架的体积百分数；V_{sh} 为黏土矿物的体积百分数；V_w 为地层水的体积百分数；V_h 为烃类的体积百分数。

这个模型虽然考虑了体积因素对岩石物理性质的影响，但仍然只能是某一物理性质的一种近似表达。通常也把岩石体积物理模型简称为岩石物理模型。

以某纯砂岩地层为例,该地层孔隙度为20%,其含油饱和度为60%,含水饱和度为40%,估计密度为2.65g/cm³,原油密度为0.85g/cm³,水密度为1.0g/cm³,则该纯砂岩油层的体积密度ρ_b可以表示为:

$$\rho_b = \varphi\rho_f + (1-\varphi)\rho_{ma} \qquad (3-23)$$

式中,ρ_{ma}为纯砂岩骨架密度,单位为g/cm³;ρ_f为孔隙流体的密度,单位为g/cm³。

该纯砂岩地层孔隙流体密度表示为:

$$\rho_f = S_o \times \rho_o + S_w \times \rho_w = 0.6 \times 0.85 + 0.4 \times 1 = 0.91 (g/cm^3) \qquad (3-24)$$

式中,S_o为含油饱和度;S_w为含水饱和度;ρ_o为原油密度;ρ_w为水密度。

将上述参数代入式(3-23),可得$\rho_b = 0.2 \times 0.91 + (1-0.2) \times 2.65 = 2.302(g/cm^3)$。

二、矿物和岩石的密度

一般来讲,金属矿石具有较大的密度,其变化范围是3.5~5.0g/cm³;大部分非金属矿石的密度值较小。岩石的密度在1.2~3.5g/cm³之间。

1. 沉积岩

沉积岩密度的变化范围是1.2~3.0g/cm³,常见值为1.7~2.7g/cm³。砂质泥岩密度的变化主要由成岩作用程度不同所致,不同程度的成岩作用导致具有不同的密度。碳酸盐岩的密度变化主要与其结构和裂隙程度有关,不同的裂隙密度导致具有不同的密度。

沉积岩的成岩作用主要分为压实和胶结两个阶段。岩石骨架和胶结物的成分、孔隙流体的种类均影响岩石的孔隙度。成岩后,岩石将在地层静压力下经受长期的破坏作用,具体表现在岩石的孔隙度逐渐缩小,而密度逐渐增大。

2. 岩浆岩

岩浆岩的密度变化范围大致在2.6~3.5g/cm³之间。从酸性岩到基性岩,密度随岩石中较重的铁镁矿物百分含量的增加而变大。由于超基性岩中的橄榄石受到热水变质作用的影响,吸收了大量的水转变为蛇纹石,因此岩石的密度降低。对于结晶岩,其密度在某种程度上由其结构决定,即当岩石的矿物成分相同时,密度值随着岩石结晶程度的加深而增大。铁质石英岩和其他类型的结晶片岩的密度在很大程度上取决于其中铁矿物的含量。

3. 变质岩

变质岩的密度一般在2.4~3.1g/cm³之间变化。由于岩石在变质改造过程中经受了一系列的物理化学变化,从而导致变质岩的密度可能与原岩有很大的不同。化学结构的变化使岩石的密度发生变化。各种变质岩之间的矿物成分差别很大。在某些条件下,从原岩到全变质岩石之间序列中的岩石密度是渐变的。对于区域变质岩,由于矿物共生组合取决于温度、压力和原岩(沉积岩、侵入岩、喷出岩)的化学成分,所以一般把岩石的物理性质按区域变质建造分组,每组的密度变化范围各不同。

在超变质过程中,岩石要经历重结晶的变化,产生交代作用和有选择性地熔化或全部熔化。所有的这些变化均会使岩石变疏松。因此,经过超变质作用形成的岩石有着比原岩低的密度。当发生退变质和逆变质时,岩石密度降低。产生这种现象的原因是经过变质后岩石的孔隙度增大了。

接触变质作用不会使原岩的化学成分发生显著的变化,因此,接触变质作用形成的岩石的密度与原岩的密度有一定的关系。

三、影响岩石密度的因素

岩石密度的大小主要与岩石中的矿物成分及含量、岩石的致密程度、胶结物类型、孔隙发育程度、孔隙流体种类与饱和度,以及岩石所处环境的温度、压力等因素有关。

1. 岩石中的矿物成分及含量

岩石中矿物成分及含量是影响岩石密度的基本因素。很显然,岩石中高密度矿物含量越高,岩石密度就越大。因此,不同种类的岩石具有不同的密度。例如基性岩中含铁镁的矿物含量比酸性岩高,其密度也就大于酸性岩;变质岩中由于高密度矿物的形成,其密度一般大于它的原岩;含金属矿物多的岩石其密度大于一般的造岩矿物形成的岩石。

2. 岩石的致密程度

岩石的致密程度影响着岩石的密度。尤其是沉积岩成岩过程越彻底,岩石的孔隙度越小,含水量越小,岩石越致密,其密度就越大。变质作用也可使岩石变得致密,密度增大。如片麻岩的密度一般大于它的原岩密度;在沉积岩地区,一般随着深度增加,岩石密度增大;风化后的岩石,由于致密程度的降低,其密度一般要比原岩小,如各种风化壳中的岩石。

3. 胶结物类型

在岩石的内部结构中经常存在各种胶结物,如硅质、钙质和泥质等,其胶结物的种类和含量对岩石密度具有一定的影响。尤其是沉积岩中胶结物种类的不同,会导致其密度有所不同,且变化较大。硅质和钙质胶结的岩石,其密度大于泥质胶结的岩石。除此之外,胶结物的发育程度对岩石密度也有很大的影响。

4. 孔隙发育程度

岩石中的孔隙度(包括各种裂隙、孔隙)越大,岩石的体密度越小。这种现象在各种岩石中普遍存在。因为自然界中的岩石都不同程度地存在各种各样的孔隙和裂隙。例如沉积岩的密度随着孔隙度增大而降低;构造碎裂岩由于原岩的破碎,孔隙度增大而密度降低;由于构造作用各类岩石内部会产生一定程度的裂理、节理,使其密度降低。

5. 孔隙流体种类与饱和度

多孔多相介质的岩石中,流体的种类与饱和度对岩石密度有一定的影响。比如孔隙中含水、油、气,会影响岩石的密度;孔隙被液体饱和要比不饱和的岩石密度更大一些。一般而言,水、油、气三者间的密度关系为水>油>气。因此,油气层地下岩石中饱和不同流体及其饱和度不同,将造成岩石密度不同。

6. 温度和压力

岩石的温度和压力条件(环境)不但对岩石密度,而且几乎对所有的岩石物性都有重要影响。一般来说,等压条件下温度增高岩石密度减小,等温条件下压力增大岩石密度增大。在温度与压力共同作用下,其密度变化视主要因素而定。地下的岩石均处在不同的温度、压力环境中,因此不同环境下岩石的各种物性具有明显的差异性,同时岩石物性的差异也反映出了岩石所处地质环境的差异。

四、岩石密度的测定

岩石密度测定分为实验室测定和岩石原位测定。实验室测定的优点是针对岩石样品来说测定值较为准确,测定方法直接,其缺点是样品已脱离原来的地质环境,测定环境与样品的存在环境不一样。岩石原位测定的优点是需测定的岩石还在原地,其测定值能够较好地反映原位密度,其缺点是测定方法一般都是间接的,测定误差较大,测定的影响因素多。

1. 实验室密度测定

岩石密度的测定方法有静水称重法及密度仪法。这里主要介绍静水称重法。对不透水的岩石可以直接测定;对透水的岩石,应先用石蜡将待测样本封好,然后再进行测定。

岩石体密度是单位体积岩石的质量(包括孔隙在内),因此测定岩石密度的关键部分是测出岩石标本的质量。

根据阿基米德原理,物体在水中减轻的重量等于它所排开的同体积水的重量。若水的质量是 m_0,岩石标本在空气中的重量是 $P_1(mg)$,在水中的重量是 $P_2[mg-m_0g=(m-m_0)g]$,则 P_1 与 P_2 的关系为:

$$P_1 - P_2 = m_0 g \tag{3-25}$$

利用这两个参数和水的密度 ρ_w,可将体积 V 写成:

$$V = \frac{P_1 - P_2}{\rho_w g} \tag{3-26}$$

另外,质量 m 可以表示为 $m = P_1/g$。将这两个公式代入密度的定义式中去,并考虑到对于水有 $\rho_w = 1 \text{g/cm}^3$,即:

$$\rho = \frac{P_1 g}{(P_1 - P_2)/\rho_w g} = \frac{P_1}{P_1 - P_2}\rho_w = \frac{P_1}{P_1 - P_2} \quad (3-27)$$

对于孔隙型岩石,为了防止水的浸入而影响测量结果,通常是先在空气中称得标本重量 P_1,然后将标本涂上一层石蜡,称得的标本重量是 P_2,最后在液体中称得的标本重量是 P_3。设石蜡密度是 ρ_k,则石蜡的体积为:

$$\Delta V = \frac{P_2 - P_1}{\rho_k g} \quad (3-28)$$

标本在蜡封后排开水的体积为:

$$\Delta V = \frac{P_2 - P_3}{\rho_w g} \quad (3-29)$$

蜡封后排开水的体积减去石蜡的体积是标本的体积,即:

$$V = \frac{P_2 - P_3}{\rho_w g} - \frac{P_2 - P_1}{\rho_k g} \quad (3-30)$$

由于标本的质量是 P_1/g,所以:

$$\rho = \frac{m}{V} = \frac{P_1/g}{\dfrac{P_2 - P_3}{\rho_w g} - \dfrac{P_2 - P_1}{\rho_k g}} = \frac{P_1}{\dfrac{P_2 - P_3}{\rho_w} - \dfrac{P_2 - P_1}{\rho_k}} \quad (3-31)$$

2. 原位测量方法

在野外,岩石密度的现场测定可以通过地球物理测井法或波速法完成。

1) 地球物理测井法

地球物理测井法的基本原理是将伽马射线源和探测器一起放入井下仪器中,在井下仪器移动过程中由探测器记录放出的伽马射线经地层散射和吸收后的强度。因为散射伽马射线强度与地层密度有关,所以通常将这种方法称为密度测井法。

放射源发射的 γ 射线辐射入岩石,与岩石中的电子碰撞而产生散射伽马射线,返回到探测器的 γ 射线数量受产生散射物质的电子密度 ρ_e 的控制,物质的电子密度 ρ_e 与散射物的有效体密度 ρ_b 有一定的比例关系。

由元素构成的物质:

$$\rho_e = \rho_b \left(\frac{2Z}{A}\right) \quad (3-32)$$

式中,ρ_b 为散射物的有效体密度;Z 为原子序数;A 为原子质量。

一些元素的 $\dfrac{2Z}{A}$ 值见表 3-4,除 H 外大部分元素都接近 1。

表 3-4 一些元素的 $\dfrac{2Z}{A}$ 值

元素	H	C	O	Na	Mg	Al	Si	S	Cl	K	Ca
$\dfrac{2Z}{A}$	1.984	0.999	1.000	0.957	0.988	0.964	0.997	0.998	0.959	0.973	0.999

由分子构成的物质：

$$\rho_e = \rho_b \frac{2\sum Z_s}{M} \quad (3-33)$$

式中，Z_s 为组成分子的各原子的原子序数总和（等于每个分子中的电子数）；M 为该分子的摩尔质量。

一些矿物的密度与 $\frac{2\sum Z_s}{M}$ 值见表 3-5，除甲烷、原油和水（淡水、矿化水）等流体外，其他矿物的 $\frac{2\sum Z_s}{M}$ 值都非常接近 1。

表 3-5 一些矿物的 $\frac{2\sum Z_s}{M}$ 值

矿物	石英	方解石	石膏	岩盐	烟煤	淡水	矿化水	原油	甲烷
密度	2.654	2.710	2.32	2.165	1.200	1.000	1.146	0.85	CH_4
$\frac{2\sum Z_s}{M}$	0.999	0.999	1.022	0.958	1.060	1.110	1.079	1.141	1.247

2) 波速法

地震波在岩石中的传播速度与岩石密度有一定的相关性和复杂的函数关系。因此，确定岩石密度与波速的解释公式还有难度，但一般来说，岩石的密度与其弹性系数为正比关系，因此密度与速度也是正比关系。目前大多数做法是通过对某类岩石进行速度和密度的实验统计，总结出近似的经验公式。在使用经验公式时要特别注意公式对岩石的适用性，不能一概而论。

各种岩石的近似公式较多，如克里斯坦森（杨胜来等，2004）总结的细粒致密岩石的计算关系式见式（3-24），这个关系式是根据在 $0.5 \times 10^8 Pa$ 条件下，对取自大洋壳细粒多孔微蚀变玄武岩的饱和水的岩芯所做的试验建立的关系式，但研究发现富含方解石的粗粒玄武岩并不适合此关系式。

$$\rho = \frac{v_p + 4.26}{3.56} \quad (3-34)$$

式中，ρ 为岩石宽度；v_p 为地震波在岩石中的传播速度。

第四章　岩石中的流体及流体饱和度

流体是重要的孔隙充填物质,是孔隙性岩石的重要组成部分。一般来讲,孔隙流体由水、油和气体组成。从物理学的角度,流体的性质由密度、黏度和弹性来刻画。

与地面上的流体不同,地下岩石中的流体处在高温和高压的环境之中。因此,地下流体的物理性质与其在地面上时的物理性质有很大的不同。

流体是气体和液体的总称,具有流动性、黏滞性和可压缩性。在连续介质力学中,流体被看成是连续介质,其基本物理参数(密度、黏滞性系数和压缩系数)是坐标的连续函数。

第一节　天然气的物理性质

一、天然气的密度与相对密度

1. 天然气的密度

天然气的密度定义为单位体积天然气的质量,用 ρ_g 表示:

$$\rho_g = m/V \tag{4-1}$$

式中,ρ_g 为天然气的密度,单位为 g/cm³ 或 kg/m³;m 为天然气的质量,单位为 g 或 kg;V 为天然气的体积,单位为 cm³ 或 m³。

在一定温度和压力下,天然气的密度可由气体的状态方程求出:

$$\rho_g = \frac{pM}{ZRT} \tag{4-2}$$

式中,ρ_g 为天然气的密度,单位为 g/cm³ 或 kg/m³;p 为天然气所处的压力,单位为 MPa;M 为天然气的分子量,单位为 kg/kmol;T 为天然气的绝对温度,单位为 K;Z 为天然气压缩因子;R 为气体常数,$R=8.314$J/K。

2. 天然气的相对密度

天然气的相对密度 γ_g 定位为在标准条件(20℃,0.101MPa)下,天然气密度与干燥空气密度的比值,即:

$$\gamma_g = \frac{\rho_g}{\rho_a} \quad (4-3)$$

式中，ρ_g 为天然气密度，单位为 g/cm³ 或 kg/m³；ρ_a 为干燥空气密度，单位为 g/cm³ 或 kg/m³。

因为干燥空气的分子量约为 29，故由式(4-3)得：

$$\gamma_g = \frac{\rho_g}{29} \quad (4-4)$$

一般天然气的相对密度在 0.55~0.80 之间，当天然气中重烃含量高或非烃类组分含量高时，其相对密度可能大于 1（即比空气重）。

二、天然气的体积系数

天然气的体积系数（gas formation volume factor）B_g 定义为一定量的天然气在油气层条件下（某一压力、温度）的体积 V_R 与其在地面标准状态下（20℃，0.1MPa）所占体积 V_{sc} 之比，即：

$$B_g = \frac{V_R}{V_{sc}} = \frac{\rho_{sc}}{\rho_R} \quad (4-5)$$

式中，B_g 为天然气体积系数，单位为 m³/m³；V_{sc} 为一定量天然气在标准状况下的体积，单位为 m³；V_R 为一定量天然气在油气层条件下的体积，单位为 m³；ρ_R 为气藏温度、压力条件下的密度，单位为 kg/m³；ρ_{sc} 为地面标准条件下的密度，单位为 kg/m³；

在标准条件下，气体体积可以按照理想气体状态方程表述：

$$V_{sc} = \frac{nRT_{sc}}{p_{sc}} \quad (4-6)$$

式中，T_{sc} 为地面标准条件下的温度，单位为 K；p_{sc} 为地面标准条件下的压力，单位为 MPa；n 为气体物质的量，单位为 mol；R 为气体常数，$R=8.314$J/K。

在油气藏压力为 p、温度为 T 的条件下，同样数量的天然气所占的体积 V_R 可由压缩状态方程求出，即：

$$V_R = \frac{ZnRT}{p} \quad (4-7)$$

将式(4-6)和式(4-7)代入式(4-5)可得：

$$B_g = \frac{ZTp_{sc}}{T_{sc}p} = Z\frac{273+t}{293}\frac{p_{sc}}{p} \quad (4-8)$$

式中，t 为气藏的温度，单位为 ℃。

三、天然气的压缩系数

天然气的压缩系数是指在等温条件下，天然气体积随压力变化的变化率，其表达式为：

$$C_g = -\frac{1}{V_g}\left(\frac{\partial V_g}{\partial p}\right)_T \tag{4-9}$$

式中,C_g 为天然气等温压缩系数,单位为 MPa^{-1};V_g 为一定量天然气在气藏条件下的体积,单位为 m^3。天然气体积随压力增加而减小。

四、天然气的黏度

气体的黏度是流体内摩擦阻力的量度。当气体内部存在相对运动时,会因为分子的内摩擦力而产生阻力。阻力越大,流体运动越困难,表明气体的黏度越大。

如图 4-1 所示,设两平行气层相距 dy,上层速度为 $v+dv$,下层速度为 v,两层间的相对速度为 dv,两层间的接触面积为 A,内摩擦阻力为 F,由试验得到如下关系:

$$\frac{F}{A} \propto \frac{dv}{dy} \tag{4-10}$$

写成等式为:

$$\tau = \frac{F}{A} = \mu \frac{dv}{dy} \quad \text{或} \quad \mu = \frac{\tau}{dv/dy} \tag{4-11}$$

式中,τ 为剪应力(单位面积上的内摩擦力),单位为 N/m^2;v 为剪应力方向上的流体速度,单位为 m/s;dv/dy 为速度梯度,单位为 s^{-1};μ 为动力黏度,也称为绝对黏度,单位为 $mPa \cdot s$。

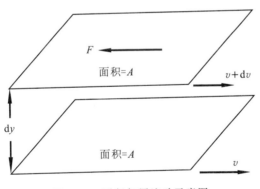

图 4-1 平行气层流动示意图

1. 低压下的气体黏度

在接近大气压时,气体的黏度几乎与压力无关,会随温度的升高而增大。

根据气体分子动力学,气体黏度为:

$$\mu = \frac{1}{3}\rho \overline{v} \overline{\lambda} \tag{4-12}$$

式中,μ 为气体的黏度,单位为 $g/cm \cdot s$;ρ 为气体密度,单位为 g/cm^3;$\overline{v}$ 为气体分子平均运动速度,单位为 cm/s;$\overline{\lambda}$ 为体分子平均自由行程,单位为 cm。

式(4-12)表明,气体黏度的大小与 ρ、$\bar{v}$、$\bar{\lambda}$ 有关。而在这三个量中,气体分子平均运动速度 $\bar{v}$ 与压力无关,气体密度 ρ 与压力成正比,而气体分子平均自由行程 $\bar{\lambda}$ 却与压力成反比。在接近大气压时,可以认为 ρ、$\bar{v}$、$\bar{\lambda}$ 三者的乘积几乎与压力无关。

当温度增高时,气体分子的热运动加剧,平均速度增加,分子间碰撞增多,内摩擦阻力增大,使黏度也增大。

图 4-2 给出了大气压下单组分烃的黏温曲线。可以看出烃类气体的黏度随分子量的增加而减小;随温度的增加而增大。

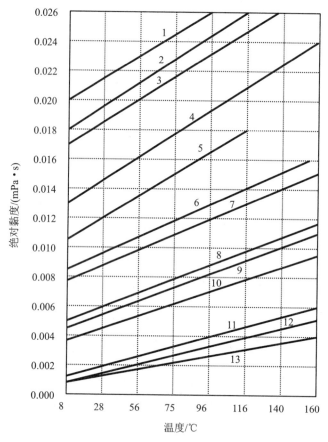

图 4-2 大气压下单组分烃的黏温曲线

2. 高压下的气体黏度

气体在高压下的黏度将随压力的增加而增加,随温度的增加而减小,随分子量的增加而增加,即具有类似于液体黏度的特征。这是因为在高压下,气体分子间的相互作用力为主导作用,气体层间产生单位速度梯度所需的层面剪应力大,因而黏度大。

第二节 原油的物理性质

原油所处的地层条件和地面条件不同,其物性差异较大。在地层条件下,地层原油处于地层的高温、高压下,且溶解有大量的气体,因而地下原油的体积、压缩性、黏度等都与地面脱气原油不同。而且原油从地下采到地面的过程中,原油会脱气,体积会缩小,原油密度及黏度会增加。

一、地层原油的密度与相对密度

1. 地层原油的密度

地层原油由于溶解有大量的天然气,其密度与地面脱气原油密度相比通常要低。地层原油的密度随温度的增加而下降。密度随压力的变化而变化:以饱和压力为界,当压力小于饱和压力时,由于随压力的增加,溶解的天然气量增加,因而原油密度减小;当压力高于饱和压力时,天然气已经全部溶解,随压力增加原油受压缩,因而原油密度增大(图4-3)。

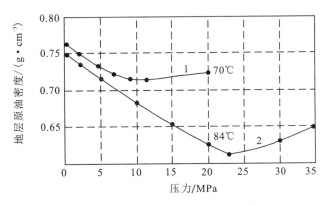

图4-3 地层原油密度随压力的变化

2. 地层原油的相对密度

原油密度是指在一定条件下,单位体积原油的质量。原油相对密度定义为标准条件下(0.1MPa、20℃)原油密度与0.1MPa、4℃条件下水密度的比值,其表达式为:

$$\gamma_o = \rho_o / \rho_w \tag{4-13}$$

式中,ρ_o为原油密度,单位为 kg/m³;ρ_w为水密度,单位为 kg/m³;γ_o为原油相对密度,无因次。

根据原油相对密度的大小,可对原油进行分类:$\gamma_o<0.852$ 为轻质原油,$0.852\leqslant\gamma_o<0.930$ 为中质原油,$0.930\leqslant\gamma_o\leqslant0.998$ 为重质原油,$\gamma_o>0.998$ 为特稠原油。

二、地层原油的溶解气油比

地层原油中溶有天然气,不同类型油藏的原油溶解天然气的能力及数量差别很大。溶解气油比是衡量地层原油中溶解天然气的一个量度指标。通常把地层原油在地面进行脱气,分离出的气体在 0.1MPa、20℃下的体积与地面脱气原油体积比值称为溶解气油比。可用下式表示:

$$R_{sr}=\frac{V_{gsc}}{V_{osc}} \tag{4-14}$$

式中,R_{sr} 为溶解气油比,单位为 m^3/m^3;V_{gsc} 为分离出的天然气在标准条件下的体积,单位为 m^3;V_{osc} 为地面脱气原油在标准条件下的体积,单位为 m^3。

图 4-4 给出了某地层原油由原始压力($p_f=25$MPa)降低到泡点压力的过程中未饱和油藏的溶解曲线。由图 4-4 可见:地层压力高于饱和压力(p_b)时的溶解气油比均为原始溶解气油比。当地层压力降至低于饱和压力后,随着压力降低,一部分气体从地层原油中逸出,溶解于原油中的气量减少,故溶解气油比降低。当压力为 1×10^{-1}MPa 时,溶解气油比降为零。

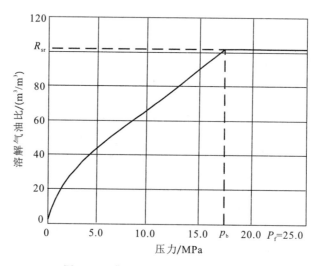

图 4-4 典型气层油溶解气油比曲线

三、地层原油的黏度

地层原油的黏度是影响油井产量的重要因素之一。地层原油的化学组成是决定其黏度高低的最基本因素。地层原油中重烃含量和非烃含量,特别是胶质—沥青含量的多少对地层原油黏度有着重大的影响。胶质、沥青含量多,将增大分子间的内摩擦力,使地层原油黏度增大。

无论是地面原油还是地下原油,其黏度都对温度的变化非常敏感。

除地层原油的组成和温度外,油中溶解气量的多少也会影响地层原油黏度。随溶解气量的增加,地层原油的黏度也相应地降低。

压力对地层原油黏度的影响,如图 4-5、图 4-6 所示。当压力 p 高于饱和压力 p_b 时,随压力的增加,油被弹性压缩,密度增大、液层间摩擦阻力增大,地层原油黏度相应增大;当地层压力低于饱和压力时,随着地层压力降低,地层原油中溶解气不断脱出,造成地层原油黏度增大。

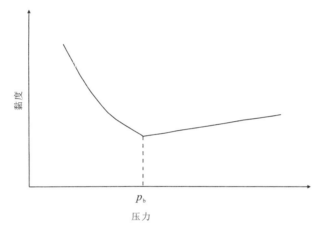

图 4-5 压力对地层原油黏度的影响

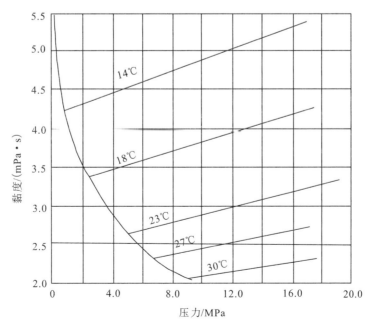

图 4-6 地层原油黏度与压力温度的关系

第三节 地层水的物理性质

一、地层水的水型分类

地层水是指岩石孔隙或裂隙中的水,其溶解有大量的盐类物质,一般用矿化度来表示地层水中含盐浓度,单位为 mg/L。

地层水的水型分类常采用苏林分类法,其划分思路是:根据 Na^+(包括 K^+)和 Cl^- 的当量比,利用水中阴阳离子的结合顺序,以水中某种化合物出现的趋势而命名水型。

地层水划分为四个类型:当 $Na^+/Cl^->1$ 时($Na^+/Cl^-=1$ 的情况十分罕见,此处不做讨论),则水中有多余的 Na^+ 将与 SO_4^{2-} 或 HCO_3^- 结合,如果 $\frac{Na^+-Cl^-}{SO_4^{2-}}<1$,则形成硫酸钠水型;如果 $\frac{Na^+-Cl^-}{SO_4^{2-}}>1$,则形成碳酸氢钠水型($\frac{Na^+-Cl^-}{SO_4^{2-}}=1$ 的情况十分罕见,此处不做讨论)。当 $Na^+/Cl^-<1$ 时,则多余的 Cl^- 将与 Mg^{2+} 或 Ca^{2+} 结合,如果 $\frac{Cl^--Na^+}{Mg^{2+}}<1$,则形成氯化镁水型;若 $\frac{Cl^--Na^+}{Mg^{2+}}>1$,则形成氯化钙水型($\frac{Cl^--Na^+}{Mg^{2+}}=1$ 的情况十分罕见,此处不做讨论)。

二、天然气在地层水中的溶解度

天然气在地层水中的溶解度是指地面条件下单位体积地层水,在地层压力、温度条件下所溶解的天然气体积。天然气在水中溶解度随着压力和温度变化关系见图 4-7。从图 4-7a 中可见,天然气溶解度随着压力增加而增加;在温度较低(低于 70℃)时,天然气在水中的溶解度随温度增加而降低,而在温度较高(高于 80℃)时,天然气在水中溶解度随温度增加而增大。此外,从图 4-7b 中可以看出,天然气溶解度随地层水矿化度增加而降低,说明当地层水含盐时,天然气在地层水中的溶解度需要进行校正。

三、地层水的黏度

地层水的黏度表示流体内摩擦阻力的大小。地层水的黏度与压力、温度和含盐量的关系如图 4-8 所示。从图中可看出,地层水的黏度随温度增加而降低,压力对地层水黏度影响较小,矿化度对地层水黏度影响也不显著。

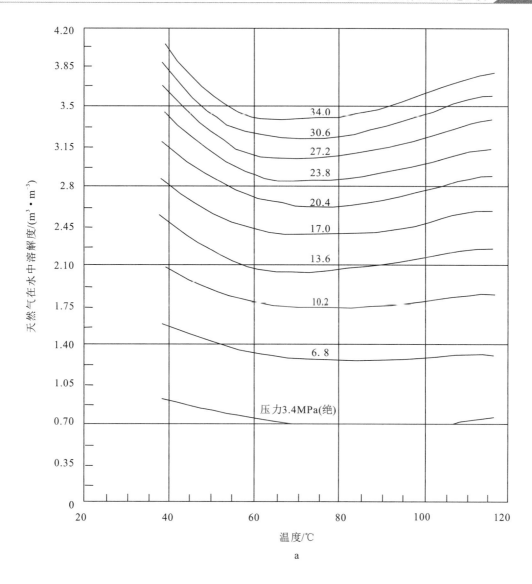

a

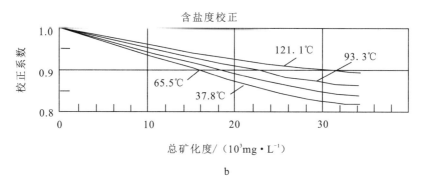

b

图 4-7 地层水中天然气溶解度与压力、温度及矿化度的关系

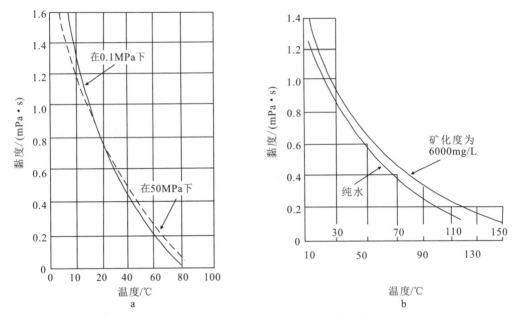

图 4-8 地层水的黏度与压力、温度和矿化度的关系

第四节 地层含油气水饱和度

一、流体饱和度的概念

岩石的含油气性由含油气饱和度定量描述。其定义为孔隙中含油或含气部分的体积与整个孔隙体积之比,通常用百分数(%)表示,即:

$$S_{o(\text{或}g)} = \frac{V_{o(\text{或}g)}}{V_p} \times 100\% \tag{4-15}$$

式中,S_o 为含油饱和度,单位为%;S_g 为含气饱和度,单位为%;V_o 为孔隙中油的体积,单位为 m^3;V_g 为孔隙中气的体积,单位为 m^3;V_p 为孔隙总体积,单位为 m^3。

按照定义,对于含有油气水的地层,含油饱和度 S_o、含气饱和度 S_g 和含水饱和度 S_w 之间,显然满足:

$$S_o + S_w + S_g = 1 \tag{4-16}$$

在地层中,如果只含有油和水或气和水的情况下,式(4-16)可以写成:

$$S_o + S_w = 1 \tag{4-17}$$

或

$$S_g + S_w = 1 \tag{4-18}$$

束缚水饱和度:束缚水饱和度称为不可再降低的水饱和度。岩石孔隙中的束缚水一般黏附在颗粒表面,赋存在微孔隙中或滞留在颗粒接触处,在压差作用下是不能流动的。束缚水饱和度可理解为岩石孔隙中束缚水体积与孔隙体积的比值。

残余油气饱和度:在油田开发过程中,经过某一采油方法或驱替作用后,仍然不能采出而残留于岩石孔隙中的原油(天然气)称为残余油(气),其体积在岩石孔隙中所占体积的百分数称为残余油(气)饱和度,用 $S_{or}(S_{gr})$ 表示。

残余水饱和度:岩石的含水饱和度 S_w 由两部分组成,一部分是可动的(或有效的),另一部分是束缚的。可动的那部分中又可分作两部分,一部分是自由流动的,另一部分是在一定条件下才能流动的。束缚水饱和度 S_{wi} 和有条件的可动水饱和度加到一起称为残余水饱和度 S_{wr}。残余水饱和度和束缚水饱和度之间呈线性关系。

$$S_{wr} = b S_{wi} \tag{4-19}$$

随岩性不同,b 值一般在 1.05~5 之间变化。

二、流体饱和度的实验室测定

岩石流体饱和度的确定方法有多种,主要包括实验室测定法、地球物理测井法和经验统计公式法或经验统计图版法,其中实验室测定包括常规岩芯分析方法及专项岩芯分析方法。以下主要介绍常规岩芯分析方法中的蒸馏提取法。

蒸馏提取法所用仪器如图 4-9 所示,仪器包括长颈烧瓶、岩芯杯、冷凝管和捕水器。该方法的实质是抽取岩芯中的水,通过测定含水饱和度来确定含油饱和度。测试步骤如下:①获取含油岩样质量后,将岩芯放入测定仪的微孔隔板漏斗中;②向烧杯中加入密度小于水、沸点比水高、溶解洗油能力强的溶剂,如甲苯或酒精苯等,并对烧瓶进行加热;③使岩样中水分蒸馏出来,经过冷凝管冷凝后聚集于捕集管中,待管中水不再增加,测量出水的体积;④对洗净后的岩芯进行烘干并称重。按照饱和度定义可计算出含水、含油、含气饱和度:

$$S_w = \frac{V_w}{V_p} \times 100\% \tag{4-20}$$

$$S_o = \frac{V_o}{V_p} \times 100\% = \frac{\omega_1 - \omega_2 - \omega_w}{V_p \rho_o} \times 100\% \tag{4-21}$$

$$S_g = 1 - (S_w + S_o) \tag{4-22}$$

式中,V_w 为捕集管中水的体积,单位为 m^3;V_p 为孔隙总体积,单位为 m^3;ω_1 为岩芯抽提前的质量,单位为 kg;ω_2 是洗净和烘干后岩芯的质量,单位为 kg;ω_w 是根据水的体积换算的水的质量,单位为 kg;ρ_o 是油的密度,单位为 kg/m^3。

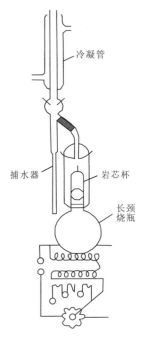

图 4-9 蒸馏提取法示意图

第五章 岩石的电学特征

岩石电学是研究岩石导电性的科学,其内容包括岩石对稳定电流场和交变电场的传导作用以及在外电场的作用下其内部所发生的电化学作用。与常规的电磁学有所不同,岩石的电学参数除了电导率(电阻率)和介电常数外,还有由于电化学作用所引起的自然极化和激发极化参数。因此,岩石电学是一门源于经典电磁学而又与经典电磁学有所不同的自然科学。

第一节 岩石导电的基本概念

一、岩石导电类型

自然界的岩(矿)石,根据它们的导电性质,可分为电子导电性和离子导电性两大类。电子导电性是组成岩(矿)石的基本物质颗粒中的自由电子在电场作用下所作的定向运动,例如大部分的金属矿物(黄铁矿、磁铁矿、黄铜矿)以及石墨等,这类岩(矿)石的电阻率一般比较低。离子导电性的岩石,则主要靠岩石孔隙中水溶液的离子导电,如砂岩、碳酸盐岩等。

二、岩石电阻率

各种岩石在外加电场作用下其导电能力各不相同,导电能力的强弱可用物理量——电阻率表示。

用均匀材料制成的规则形状的导体,其电阻 r 与导体截面积 S 成反比,与导体的长度 L 成正比,表达式为:

$$r = R \frac{L}{S} \quad (5-1)$$

式中,R 为岩石的电阻率,它只与导体的材料性质有关而与导体的几何形状无关。它的表达式为:

$$R = r \cdot \frac{S}{L} \quad (5-2)$$

岩石电阻率的单位为 Ω·m，在数值上相当于截面积为 $1m^2$，长度为 $1m$ 的单位体积岩石的电阻率。岩石电阻率越高说明岩石的导电能力越差，反之则越强。在实验室内常用"四极法"测定岩石的电阻率。取一块钻井取芯样品，磨成规则的圆柱体，在岩样的两端接上金属板状电极 A 和 B，在岩样的中间部分接上两个环状电极 M 和 N，它们之间的距离为 L（以 m 为单位），将岩样按图 5-1 接入电路。闭上电源开关 K，通过 A、B 电极给岩样供电，电流强度为 I，由毫伏表测出电极 M、N 之间的电位差 ΔU_{MN}，根据欧姆定律，MN 之间的介质电阻应为 $r = \dfrac{\Delta U_{MN}}{I}$。根据公式(5-2)得到 $R = \dfrac{\Delta U_{MN}}{I} \cdot \dfrac{S}{L}$，一般 L 和 S 均取固定值则有：

$$R = K \dfrac{\Delta U_{MN}}{I} \qquad (5-3)$$

式中，K 为测量装置系数，取决于岩芯的几何形状及测量装置。

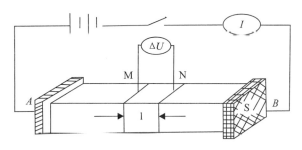

图 5-1 "四极法"测定岩石电阻率示意图

三、岩石电阻率的影响因素

1. 岩石的岩性

一些常见的岩石、矿物的电阻率列于表 5-1 中。从表 5-1 中看出，不同的岩石、矿物的电阻率各不相同。金属矿物的电阻率极低，而造岩矿物（石英、云母、方解石等）及石油的电阻率很高，它们几乎是不导电的。

岩石电阻率则有岩浆岩电阻率很高，而沉积岩电阻率较低的特点，这主要取决于两大类岩石的岩性。岩浆岩致密坚硬，不含地层水，这类岩石主要靠组成岩石的造岩矿物中极少量的自由电子导电，所以电阻率很高。沉积岩的岩性与岩浆岩不同，沉积岩的岩石颗粒之间有孔隙，其中充满了地层水，水中所含盐类呈离子状态，在外加电场作用下，这类岩石主要靠离子导电，导电能力强，电阻率低。目前所发现的油气田的储层大部分是沉积岩，故石油勘探着重研究沉积岩。

表 5-1 常见岩石、矿物的电阻率

岩石名称	电阻率/(Ω·m)	矿物名称	电阻率/(Ω·m)
黏土	$1\sim10$	石英	$1\times10^{10}\sim1\times10^{12}$
泥岩	$5\sim60$	白云母	4×10^{11}
页岩	$10\sim1\times10^{2}$	长石	4×10^{11}
泥质页岩	$5\sim1\times10^{3}$	方解石	$5\times10^{3}\sim5\times10^{12}$
疏松砂岩	$2\sim50$	硬石膏	$1\times10^{4}\sim1\times10^{6}$
致密砂岩	$20\sim1\times10^{3}$	无水石膏	1×10^{9}
含油砂岩	$2\sim1\times10^{3}$	岩盐	$1\times10^{4}\sim1\times10^{6}$
贝壳石灰岩	$20\sim2\times10^{2}$	石墨	$1\times10^{-6}\sim3\times10^{-4}$
泥灰岩	$5\sim5\times10^{2}$	磁铁矿	$1\times10^{-4}\sim6\times10^{-3}$
石灰岩	$60\sim6\times10^{3}$	黄铁矿	1×10^{-4}
白云岩	$50\sim6\times10^{3}$	黄铜矿	1×10^{-3}
玄武岩	$6\times10^{2}\sim1\times10^{5}$	石油	$1\times10^{9}\sim1\times10^{16}$
花岗岩	$6\times10^{2}\sim1\times10^{5}$	无烟煤	$1\times10^{-1}\sim10$

2. 岩石孔隙中地层水性质

组成沉积岩的固体颗粒部分称为岩石骨架,这部分导电能力很差,几乎不导电,因此沉积岩的导电能力主要取决于地层水的电阻率。地层水电阻率与其性质有密切关系。岩石中所含的水对岩石电阻率的影响取决于:①水的性质,水的电阻率取决于其含盐量和盐的成分,即地层水的水型及其矿化度;②地层水电阻率与温度的关系也非常密切,一般地层水温度越高,其电阻率越低,反之亦然。这是因为随温度升高溶液中的离子迁移速度随之加大,在外加电场的作用下溶液的导电能力加强,溶液电阻率变低。

3. 岩石电阻率与孔隙度的关系

岩石的电阻率和岩石固体颗粒的导电性、孔隙中流体的导电性以及孔隙大小和结构等一系列因素有关。对于不含泥质的纯的沉积岩来说,岩石骨架可以看作是不导电的,其导电性主要和孔隙中流体的导电性、孔隙大小和结构有关。经研究表明,孔隙中完全充满水的岩石电阻率 R_0 与所含地层水电阻率 R_w、孔隙度 φ 及岩性有关,即 $R_0=f(R_w,\varphi,岩性)$。为了得到 R_0 与 φ 的直接关系,对给定的含水砂岩岩样进行测试。通过实验结果可知,无论如何改变所含地层水电阻率 R_w,含水岩石的电阻率与所含地层水电阻率的比值总是一个常数,即:

$$\frac{R_{01}}{R_{w1}}=\frac{R_{02}}{R_{w2}}=\cdots=\frac{R_{0n}}{R_{wn}} \tag{5-4}$$

这个比值只与岩样的孔隙度、胶结情况和孔隙形状有关,而与饱含在岩样孔隙中的地层水电阻率无关,我们定义这个比值为岩石的地层因素,用 F 表示:

$$F=\frac{R_0}{R_w} \tag{5-5}$$

式中,R_0 为孔隙100%含水的地层电阻率;R_w 为孔隙中所含地层水电阻率。

大量的理论研究和实验研究表明,地层因素 F 和孔隙度 φ 的关系具有如下的一般形式:

$$F=\frac{R_0}{R_w}=\frac{a}{\varphi^m} \tag{5-6}$$

式中,a 和 m 是常数。m 值称为胶结指数,它和岩石孔隙的弯曲程度有关。原则上,应针对不同地区的不同地层求出相应的 a 和 m,以便在解释时应用,但这只能在一个地区研究程度比较高的时候才比较可行。

4. 岩石电阻率与含水饱和度的关系

一般来说,岩石孔隙中不是含水就是含油、气(或油气),岩石孔隙中什么都不含是很少见的。

在亲水岩石孔隙中含有水和油时,油水在孔隙中的分布特点是:水包围在岩石颗粒的表面,孔隙的中央充填着石油,周围是地层水。石油的电阻率很高,可看作是不导电的,所以含油岩石电阻率 R_t 比该岩石完全含水时的电阻率 R_0 高。含油岩石电阻率 R_t 的大小决定于含油饱和度 S_0、地层水电阻率 R_w、孔隙度 φ。在给定的岩样中,地层水电阻率和孔隙度一定时,岩石电阻率随着含油饱和度的增加而增高。但在自然界中地层水电阻率和孔隙度都是变量,并且对 R_t 值有影响。为了消除影响,引入"电阻增大率"概念,即含油岩石电阻率 R_t 与该岩石完全含水时的电阻率 R_0 之比,用 I 表示。

$$I=\frac{R_t}{R_0}=\frac{b}{S_w^n} \tag{5-7}$$

式中,b 为常数,一般在1附近;n 为饱和度指数。

5. 岩石电阻率与温度、压力的关系

实验表明,以电子导电为主的矿石的电阻率随温度的升高而增高,而以离子导电为主的岩石的电阻率随温度的升高而降低。地壳中的温度变化在近地表处与太阳辐射有关,在地下深处与地球的正常地温梯度有关。因此不同埋深的同一种岩石的电阻率是不同的。例如,在地下1600m处,金属矿物的电阻率大约要增加20%,而含水岩石的电阻率只有近地表处的一半左右。

压力对电阻率的影响主要有三个方面:①岩石在压力作用下会产生裂隙甚至破坏;②压力的作用使岩石中的孔隙闭合;③在高压下岩石的化学成分会发生变化。所有这些变化均会影响到岩石的电阻率。

第二节 岩石导电性理论

一、纯砂岩岩石导电性理论

岩石的导电性是由组成岩石的各部分之间共同作用的结果。1942 年,美国壳牌石油公司工程师阿尔奇(Archie)对纯砂岩电阻率进行了系统的实验测量,系统研究了岩石中所含流体饱和度对电阻率的影响。

公式(5-6)中,胶结指数 m 和岩石孔隙的弯曲程度有关,对于一个孔隙迂曲度为 τ 的岩石,地层因素可以表示为 $F=\tau^e/\varphi$,其中 e 是常数(Cai et al.,2017)。理论上,在二维和三维空间中 e 的值分别等于 1 和 2。然而,Winsauer(1952)在实验中得到了 $e=1.67$ 的结果。

在岩石固体颗粒不导电的情况下,孔隙流体是决定岩石导电性的主要因素。因此,油和水的导电性差异成为利用电阻率法计算饱和度的物理基础。在纯地层的情况下,地层电阻率可以写成:

$$R_t = IR_0 \tag{5-8}$$

或

$$\frac{R_t}{R_0} = I \tag{5-9}$$

参数 I 表示由于岩石含油使电阻率增大的倍数。可以想象,含油愈多,I 值应该愈大。

大量的实验研究结果表明,电阻增大率 I 和含油饱和度 S_o 有下列一般关系:

$$I = \frac{1}{(1-S_o)^n} \tag{5-10}$$

或者和含水饱和度有下列关系:

$$I = \frac{1}{S_w^n} \tag{5-11}$$

这就是著名的阿尔奇公式的一种形式,式中 n 为饱和度指数。原则上对于不同地区的不同岩层应该用实验方法确定饱和度指数。如果没有这方面的资料,饱和度指数一般可以取作 2。

二、泥质砂岩岩石导电性理论

阿尔奇公式的一个基本假设是骨架不导电,这与实际情况有一定的差距。在自然状态下,岩石骨架中或多或少都含有一定的泥质。实验证明,含泥质的岩石与不含有泥质的岩石在导电性方面差别很大。

对于含泥质的地层,人们很早就注意到地层电导率和地层水电导率之间不满足这样的简单线性关系。实验结果表明,含有相同矿化度地层水(矿化度不是非常高的情况下)的泥质砂岩地层的电导率比具有相同有效孔隙度的纯砂岩地层的电导率高,并且高矿化度部分和低矿化度部分的泥质砂岩电导率随地层水电导率变化的特点不同。于是,提出了附加导电性的概念和最初的导电模型,含水泥质砂岩的电导率则表示成:

$$C_0 = \frac{1}{F}C_w + C_{ex} \tag{5-12}$$

式中,C_{ex}为泥质引起的附加电导率;C_0为岩石含水饱和度为100%时的电导率。纯砂岩和泥质砂岩电导率随地层水电导率变化的关系,可以用图5-2示意说明。图中曲线1表示纯砂岩电导率与地层水电导率的关系;曲线2表示泥质砂岩与地层水电导率的关系,在C_w很低时,C_{ex}随C_w增大而增加,当C_w达到某一数值后,C_{ex}不随C_w变化。

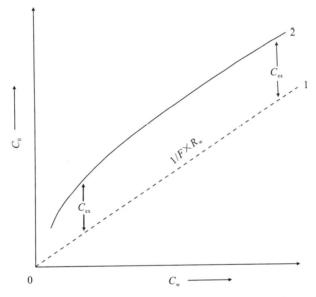

图5-2 纯砂岩和泥质砂岩电导率与地层水电导率之间关系示意图

实际上黏土矿物的导电作用主要是靠阳离子交换。常见的黏土矿物主要是高岭石、伊利石、蒙脱石和绿泥石。黏土矿物具片状构造,它们分别由硅氧四面体和铝氧八面体两个基本构造单位以不同的比例堆叠而成。

黏土矿物产生阳离子交换作用的主要原因,一是晶格取代(置换)作用,即一些低价的离子取代了硅氧四面体的硅,或取代了铝氧八面体中的铝,结果使某些黏土矿物构造单元内形成未平衡的电荷。通常是吸附水溶液中的阳离子来达到平衡,这些阳离子在一定条件下可以与外界交换。二是黏土矿物中裸露在外面的氢氧根中的氢被解离,使黏土矿物带负电,为了补偿电荷的不平衡,需要吸附阳离子,这些阳离子也是可交换的。三是破键作用,在黏土矿物的边缘往往形成未平衡的电荷,因而它将吸附与之接触的水溶液中的阳离子而取得平衡,这些电荷处于可交换状态。

在可交换的阳离子中,由晶格取代造成的占多数,因此发生晶格置换作用愈多的黏土矿物,阳离子交换容量就越大,如蒙脱石和伊利石。由破键作用和氢氧根中氢离子解离而形成的可交换阳离子,占的比重较小,因此阳离子交换容量较低,如高岭石和绿泥石。

1. Waxman—Smits 模型

Waxman 等(1968)认为泥质砂岩附加导电性是由偶电层引起的,并根据前人和他们自己得到的实验结果,给出一个基于黏土矿物表面偶电层导电的泥质砂岩导电模型——Waxman—Smits 模型:

$$C_0 = \frac{1}{F^*}C_w + \frac{1}{F^*}BQ_v \tag{5-13}$$

式中,F^* 为泥质砂岩的地层因素,是想象固体黏土颗粒由几何上一样的骨架颗粒代替,是束缚水和孔隙水融为一体情况下的地层因素;B 是交换阳离子的等价电导;Q_v 为单位孔隙体积的阳离子交换能力,它用岩石每单位孔隙体积交换钠离子的摩尔或毫摩尔数表示。在实验室分析岩样时,常用每单位质量干岩样交换钠离子的摩尔或毫摩尔数表示,它的符号为CEC。因此,Q_v 和 CEC 的关系为:

$$Q_v = \frac{\mathrm{CEC}(1-\varphi_T)\rho_g}{\varphi_T} \tag{5-14}$$

式中,ρ_g 为岩石平均颗粒密度,单位为 g/cm³;φ_T 为总孔隙度。

Waxman—Smits 模型认为 B 不是一个常量,其与温度和电解液浓度有下列关系:

$$B = \left[1 - a\exp\left(-\frac{C_w}{r}\right)\right]0.001\lambda \tag{5-15}$$

式中,λ 是交换离子的最大平衡电导;a 和 r 为经验常数。于是附加导电性 BQ_v 随 C_w 呈指数增长,能较好地符合泥质砂岩电导率随 C_w 变化(图 5-2)的特点。

对含油气地层的电导率 C_t 可以表示为:

$$C_t = \frac{S_{wt}^n}{F^*}\left(C_w + B\frac{Q_v}{S_{wt}}\right) \tag{5-16}$$

式中,S_{wt} 为总含水饱和度;n 为饱和度指数。

2. 双水模型

在使用 Waxman—Smits 模型的过程中,遇到了两个主要问题,一个是 Q_v 的测定问题,人们发现根据 C_0—C_w 曲线推算的 Q_v 值比根据 CEC 测量得出的值小得多。另一个是泥岩的导电性问题。按 Waxman—Smits 模型,泥岩和周围砂岩中的水有相同的矿化度,因而比邻近砂岩层有更高的导电性,但事实并不是完全如此。另外,实际分析数据表明,泥岩水的矿化度几乎与邻层水的矿化度无关。Clavier 等(1984)研究这些现象时注意到,带负电的黏土颗粒表面对于极性水分子的吸引,以及吸附阳离子对极性水分子的吸引,所造成的水膜是不能忽略的。实验表明，黏土的阳离子交换能力实际上是黏土比面的反映，黏土比面的变化范围很大，从 $800m^2/g$（蒙脱石）到 $20m^2/g$（高岭石），但都比砂岩的平均比面 $0.01m^2/g$ 大得多。图 5-3 是黏土表面离子和极性水分子分布的示意图，从图中可以看出，由于黏土颗粒表面带负电，它将吸引阳离子而排斥阴离子，在黏土表面的水膜中，或水化水中不含有阴离子，也可以说不含盐，它的电导率将不同于黏土水化水以外的地层水。Clavier 等（1984）根据这个分析，提出一个双水模型，把黏土表面水称为"近水"或束缚水，而把水膜以外的孔隙中的水称为"远水"或自由水。

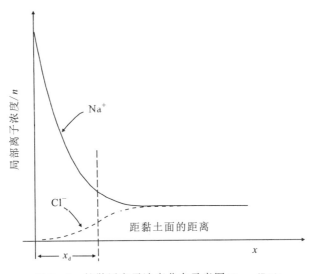

图 5-3　扩散层离子浓度分布示意图（Gouy 模型）

在双水模型中，把黏土颗粒本身和其他骨架部分一起看作是不导电的。图 5-4 把传统的泥质砂岩模型和双水模型画在一张图上，以便于对比。

双水模型			岩石组分	传统的泥质砂岩模型	
固体颗粒			砂	骨架	
			粉砂		
			黏土颗粒	黏土	泥质
φ_T	φ_L	φ_b	束缚水		
		φ_f	自由水	φ_L	
		φ_h	油气		

φ_b．束缚水孔隙度；φ_f．自由水孔隙度；φ_h．油气孔隙度；φ_L．有效孔隙度；φ_T．总孔隙度。

图 5-4　双水模型与泥质砂岩模型

靠近黏土表面水中，Na^+ 和 Cl^- 不相等的区域构成"扩散层"。扩散层中 Na 平衡离子与黏土表面之间，被吸附的水分子层和钠离子的水化水分子壳分开。与黏土表面最近的钠离子层构成外 Helmholtz 面。如果忽略分子体积，则黏土表面区域 Na^+ 和 Cl^- 离子分布如图 5-3 所示，在电化学中称它为 Gouy 模型。图中虚线与实线分别代表 Na^+ 和 Cl^- 离子浓度随离开表面距离 x 的变化。"扩散层"厚度用 x_d 表示，它与水中盐浓度 n 有关（Clavier et al.，1977）。

$$x_d = 3.06 \sqrt{\frac{1}{aq}} \tag{5-17}$$

式中，x_d 以埃（Å）为单位；q 为浓度，以 mol/L 为单位；a 为 NaCl 的活性系数。x_d 随浓度 q 增大而减小。当地层水矿化度浓度 q 达到某一数值 q_1 后，$x_d = x_H$，为极限情况。x_H 是外 Helmholtz 面到黏土表面的距离。根据图 5-3 可知，x_H 的距离为：

$$x_H = \sqrt{3}\, r_w + r_{Na} = 6.18 \text{Å} \tag{5-18}$$

式中，r_w 为水分子半径，等于 1.4Å；r_{Na} 为钠离子半径，在室温下等于 0.96Å。当 $x_d = x_H$ 时，水的矿化度可以根据式（5-17）计算出 $q_1 = 0.35 \text{mol/L}$。

为了计算黏土水的体积，需要知道黏土和水接触的面积。

图 5-5 中给出了三类黏土矿物比面和阳离子交换能力 CEC 的关系。大体上，比面 A_{sp} 和 CEC 呈线性关系，即：

$$A_{sp} = v (\text{CEC})_{sp} \tag{5-19}$$

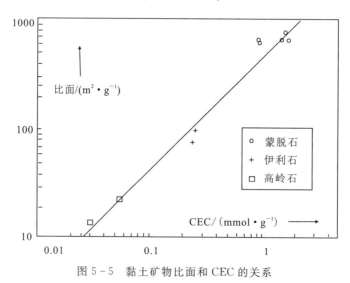

图 5-5 黏土矿物比面和 CEC 的关系

式中，$(\text{CEC})_{sp}$ 为相对阳离子交换能力；v 为比例系数。相对应地，单位孔隙体积的黏土比面 A_v 为：

$$A_v = v Q_v \tag{5-20}$$

v 为比例系数，于是，单位孔隙中黏土水体积 $(f_\varphi)_{ew}$ 可以表示为：

$$(f_\varphi)_{ew} = \alpha x_H A_v = \alpha x_H v Q_v = \alpha V_q Q_v \tag{5-21}$$

式中，$V_q = vx_H = A_v x_H / Q_v$；$\alpha$ 为 NaCl 溶液的活性系数，其等于 $\sqrt{\dfrac{n_1}{n}}$，但当 $q > q_1$ 时，$\alpha = 1$。

黏土水不含盐，但包括浓度为 Q_v、等效电导为 β 的全部补偿阳离子。因此，它的电导率 C_{wb} 为：

$$C_{wb} = \frac{\beta Q_v}{(f_\varphi)_{ew}} = \frac{\beta}{\alpha V_q} \tag{5-22}$$

自由水在孔隙体积中所占的比例 $(f_\varphi)_{fw}$ 可以表示为：

$$(f_\varphi)_{fw} = 1 - (f_\varphi)_{ew} = 1 - \alpha V_q Q_v \tag{5-23}$$

它的电导率 C_{fw} 与地层水电导率 C_w 相同，即 $C_{fw} = C_w$。

如果认为孔隙中自由流体和黏土水具有相同的导电路径，则地层的导电特性如同含有等效地层水电导率 C_{we} 的纯地层一样，即：

$$C_0 = \frac{1}{F_0} C_{we} \tag{5-24}$$

式中，C_0 为含水饱和度为 100% 时地层电导率。等效地层水电导率 C_{we} 可以表示为：

$$C_{we} = (f_\varphi)_{fw} C_w + (f_\varphi)_{ew} C_{wb} \tag{5-25}$$

把式（5-22）、式（5-23）和式（5-24）代入式（5-25），则得到双水模型含水泥质砂岩导电方程：

$$C_0 = \frac{1}{F_0}[(1 - \alpha V_q Q_v) C_w + \beta Q_v] \tag{5-26}$$

对于含油气地层，可以写成：

$$C_t = \frac{S_{wt}^n}{F_0}\left[C_w + \frac{\alpha V_q Q_v}{S_{wt}}(C_{wb} - C_w)\right] \tag{5-27}$$

式中，C_t 为含油气地层的电导率；S_{wt} 为总含水饱和度。已知 $\alpha V_q Q_v$ 是单位孔隙体积中黏土水体积，即黏土水饱和度，通常用 S_{wb} 表示，于是式（5-27）一般写成：

$$C_t = \frac{S_{wt}^n}{F_0}\left[C_w + \frac{S_{wb}}{S_{wt}}(C_{wb} - C_w)\right] \tag{5-28}$$

储层的有效孔隙度和饱和度，可通过减去黏土束缚水体积 S_{wb} 得到，于是：

$$\varphi_e = \varphi_T(1 - S_{wb}) \tag{5-29}$$

$$S_w = \frac{S_{wt} - S_{wb}}{1 - S_{wb}} \tag{5-30}$$

在双水模型中，为了计算含水饱和度，需要先确定四个参数：C_w、C_{wb}、φ_T 和 S_{wb}。双水模型应用广泛。

第三节 岩石的自然极化性质

岩石的自然极化是一种重要的电化学现象。1928 年，法国地球物理学家 Schlumberger 在野外试验时发现当外电场不存在时，在测量电极上仍会观测到一定数量的电位差。这种现象称为岩石的自然极化。在此之后，以 Doll 为代表的一些岩石物理学家对岩石的自然极化现象进行了深入的研究，证实岩石的自然极化现象主要与岩石中发生的动电效应和电化学过程有关。在数值上，自然电场的幅度在几十毫伏到几百毫伏之间变动。

由于自然电场是地壳中一种自然产生的电化学现象，所以在对其进行观测时不需要向地下供电。这使得自然电场法的观测设备轻便简单，因而有很高的工作效率。在地面电法勘探的历史上，基于岩石自然极化现象的自然电场法是最早获得实际应用的勘探方法，在寻找电子导电型的金属和非金属矿床，确定地下水流速、流向，以及在解决某些地质填图问题上得到了广泛的应用并取得了较好的地质效果。在金属矿地球物理测井中，利用井中自然电位观测可以配合其他测井曲线确定矿层和划分观测井段的地质剖面，并帮助了解矿层的性质。在石油天然气测井中，利用自然电位测井曲线可以划分地层、区分岩性、计算地层水电阻率以及估计泥质含量。

1. 扩散电位

当两种浓度不同的溶液相接触时，溶质要从浓度大的溶液迁移到浓度小的溶液里以达到均匀的浓度分布，这种现象叫作扩散。在溶质移动的过程中，溶液中正、负离子将随溶质一起移动，但其运动速度（迁移率）不同。因而在两种不同浓度的溶液中分别出现了剩余的正离子或负离子，形成电动势。这种由扩散现象所引起的电位被称为扩散电位，由此产生的电场是扩散电场。

扩散电动势可由 Nernst 方程求得：

$$E_d = 2.3 \frac{RT}{F} \cdot \frac{n_+ u - n_- v}{Z_+ n_+ u + Z_- n_- v} \lg \frac{C_1}{C_2} \quad (5-31)$$

式中，R 为气体常数，$R = 8.314 \text{J/K}$；T 为绝对温度，单位为 K；F 为 Farady 常数，等于 96 500C/equiv；n_+ 和 n_- 分别为每个分子离解后形成的正离子数和负离子数；u 和 v 分别为正离子和负离子的迁移率，单位为 s/(m·N)；Z_+ 和 Z_- 分别为正离子和负离子的离子价；C_1 和 C_2 分别为两种溶液的浓度。

上式可简写为：

$$E_d = K_d \lg \frac{C_1}{C_2} \quad (5-32)$$

式中，K_d 为扩散电动势系数。

在矿化度较低的情况下，溶液的电阻率与溶液的矿化度有线性关系，因此上式可改写为：

$$E_d = K_d \lg \frac{R_2}{R_1} \quad (5-33)$$

式中，R_1 和 R_2 分别为两种溶液的电阻率。

2. 薄膜电动势

用泥质隔膜将玻璃钢内的两种不同浓度的溶液分开，两种浓度溶液在此接触面处产生离子扩散,扩散方向总是从浓度大的 C_w 一方向浓度小的 C_w 一方。由于泥质隔膜中的阳离子交换作用,使空隙内溶液的阳离子居多,扩散结果在浓度小的一方富集了大量的正电荷而带正电,浓度大的一方带负电。这样就在泥质隔膜处形成了薄膜电动势,记作 E_{da},其表达式为:

$$E_{da} = K_{da} \lg \frac{C_1}{C_2} \tag{5-34}$$

式中,K_{da} 为薄膜电动势系数,它与泥质阳离子的交换能力 Q_v 有关。

3. 过滤电动势

当岩石内部所含流体的矿化度与外部流体的矿化度不同,且外部流体中含有黏土矿物时,在压差作用下,外部流体进入岩石内部的过程中,会形成过滤电动势。

岩石固体颗粒与溶液接触时,由于多种原因固体表面带有电荷,在界面会形成偶电层。例如,砂岩和灰岩表面带负电,黏土矿物表面带很强的负电,于是溶液中的正离子浓度在表面附近加大,紧靠近表面形成一个很薄的"固定层",接着是扩散层,然后过渡到电中性的溶液。扩散层随液体的运动是可动的。如果假定中性溶液的电位为零,则扩散层与"固定层"交界处的电位称为 ϕ 电位。当孔隙流体在压力差作用下流动时,带有多余正电荷的扩散层也将随着一起运动。于是在流动液体两端产生不同符号电荷的积累而形成电位差。Lynck(1962)对过滤电动势 E_k 提出如下关系式:

$$E_k = \frac{\xi \varepsilon R_{mf}}{4\pi \mu} \Delta p \tag{5-35}$$

式中,Δp 为流体两端压力差;ξ 为电位;ε 为泥浆滤液介电常数;μ 为黏滞系数;R_{mf} 为泥浆滤液的电阻率。

因为泥饼的渗透性很差,和泥岩相似,泥浆柱和地层间的压力差主要降在泥饼上。同时,泥饼上和泥岩上产生的过滤电动势在方向上一致、大小相近。因此,通常情况下泥饼和泥岩上的过滤电动势可以互相抵消,观测到的过滤电位很小,可以忽略不计。然而,过滤电动势在泥浆柱压力与地层压力差别很大,如枯竭层或泥浆比重很大的情况下,或者地层渗透率很低,因而泥饼很薄时,过滤电动势则不能忽略。因为在这种情况下,泥饼和泥岩上的过滤电动势不能相互抵消。

顺便指出,在金属矿和煤田钻孔中也观测到自然电位,但是金属矿层和煤层的自然电位则是由另外的氧化还原电动势造成的。

第四节 岩石的激发极化性质

在研究岩石中的稳定电流场时,人们发现在电流供入地下以后,测量电极之间的电位差并不是马上达到饱和值,而是随着时间缓慢放大(也有变小的时候),并且在相当的一段时间之后(一般为几分钟)趋向于一个稳定的饱和值。当外加人工电场断开时,测量电极之间的电位差也并不是马上降到零值,而是在电流断开的瞬间很快下降到一定的数值,然后随时间缓慢地下降,并在相当长的时间后(一般为几分钟)衰减至零。

这种在电流接入和断开时产生随时间变化的附加电场的现象称为岩石的激发极化。实质上,岩石的激发极化效应是岩石中含水溶液在外电场的激发下产生的一种电化学现象,与岩石中所发生的各种不同物理化学过程有关。但到目前为止,对于岩石的激发极化效应的产生机制仍没有一个统一的认识,各种假说共存。

尽管如此,岩石的激发极化效应还是得到了广泛的应用。到目前为止,激发极化效应法仍是找寻硫化物矿床的有效方法,在寻找地下水和进行环境与工程勘察方面也是良好的手段之一。

一、激发极化效应及其成因

激发极化现象虽然早在电法勘探发展的初期就已经被人们所发现,但是把它成功地用于找矿或解决某些水温地质问题却只是近几十年的事,而且直至目前为止,对激发极化法的物理—化学机制还缺乏明确、统一的认识。下面,我们以某些为人们所公认的假说为基础,分别就电子导体和离子导体的激发极化机理作一概略介绍。

1. 电子导体激电场的成因

在电场的作用下,发生在电子导体和围岩溶液间的激发极化效应是一个复杂的电化学过程,这一过程所产生的过电位(或超电压)是引起激发极化效应的基本原因。

处于同一种电化学溶液中的电子导体,在其表面将形成双电层,双电层间形成一个稳定的电极电位,对外并不形成电场。这种在自然状态下的双电层电位差是电子导体与围岩溶液接触时的电极电位,称为平衡电极电位,一般用 ε_r 表示。

在电场作用下,当电流通过电子导体与围岩溶液的界面时,导体内部的电荷将重新分布,自由电子逆电场方向移向电流流入端,使其等效于电解电池的"阴极";在电流流出端则呈现出相对增多的正电荷,使其等效于电解电池的"阳极"。在此同时,围岩中的带电离子也将在电场作用下产生相对运动,并分别在"阴极"及"阳极"附近形成正离子和负离子的堆积,如图5-6所示,从而使电流的流入端及流出端的双电层发生变化。在电流的作用下,导体的"阴极"和"阳极"处双电层电位差相对于平衡电极电位的变化称为过电位(或超电压)。显然,超电压的形成过程就是电极极化过程,在供电过程中,超电压随供电时间的增加而增大,最后趋于饱和值;当切断供电电流后,堆积在界面两侧的异性电荷将通过导体和围岩放电,超电压也将随时间的增加而逐渐减小,最后完全消失。这时,导体和围岩溶液间又恢复到供电之前的均匀双电层状态。

2. 离子导体激电场的成因

实践表明,除电子导体之外,一般岩石(即离子导体)也能产生比较明显的激电效应。虽

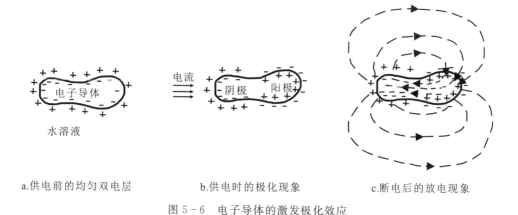

a.供电前的均匀双电层　　b.供电时的极化现象　　c.断电后的放电现象

图 5-6　电子导体的激发极化效应

然关于离子导体的激电场的成因至今尚无统一的解释方法,但大多数学者认为离子导体的激发极化效应与岩石—溶液界面上的双电层结构有关。自然界中大多数造岩矿物,其表面总呈现出负的剩余电价力,因而吸附周围溶液中的正离子,并在和溶液的接触面上形成了具有分散结构的双电层,如图 5-7a 所示。双电层的固相岩石表面一侧为占有固定离子的负离子,它们吸引溶液中的正离子,使液相一侧靠近界面处的正离子不能自由活动,构成双电层的紧密区,其厚度约为 1×10^{-8} m。离界面稍远处的正离子,由于受到的吸引力较弱,可以在平行界面方向自由移动,构成了双电层的扩散区,厚度约为 $1\times10^{-6}\sim1\times10^{-7}$ m。

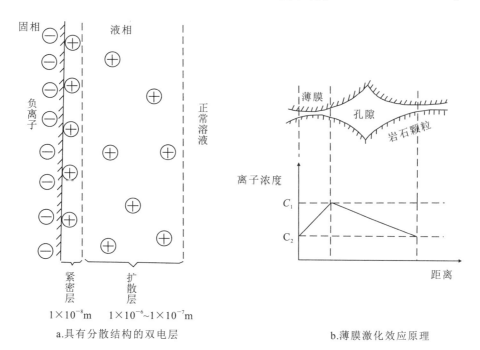

a.具有分散结构的双电层　　　　　b.薄膜激化效应原理

图 5-7　离子导体激电场的成因

薄膜极化效应是离子导体激发极化的主要原因。当岩石颗粒间的孔隙直径和双电层扩散区的厚度相当时,则整个孔隙皆处于双电层扩散区内,其中过剩的阳离子吸引阴离子而排斥阳离子。故在外电场作用下,扩展区的阳离子移动较快,或者说其迁移率 v^+ 较大;与此同时,由于孔隙中过剩阳离子的吸引,因而阴离子的移动较慢,或者说其迁移率 v^- 较小。这样的岩石孔隙被称为阳离子选择带或薄膜。

当电流通过宽窄不同而彼此相连的岩石孔隙时,由于窄孔隙(即薄膜)中阳离子的迁移率 v^+ 大于阴离子的迁移率 v^-;而宽孔隙中阴、阳离子的迁移率几乎相等,于是窄孔隙里的载流子大都为阳离子。电流将大量阳离子带走,结果在窄孔隙的电流流出端形成阳离子的堆积;在电流流入端形成阳离子的不足。由于窄孔隙对阴离子有一定的阻挡作用,因此在阳离子堆积和不足的两端,同样造成阴离子的堆积与不足。这样,沿孔隙方向便形成了离子浓度梯度,它将阻碍离子的运动,直到达到平衡为止。

当断去外电流之后,由于离子的扩散作用,离子浓度梯度将逐渐消失,并恢复到原来状态。与此同时,形成扩散电位,这便是一般岩石(或离子导体)上形成的激发极化现象。

二、激发极化特性及测量参数

1. 激发极化场的时间特性

激发极化场(即二次场)的时间特性与被极化体及围岩溶液的性质有关。图 5-8 表示岩(矿)石在充、放电过程中激发极化场的变化规律。显然,在开始供电的瞬间,只观测到一次场电位差 ΔU_1,随着供电时间的增长,激发极化电场(即二次场电位差 ΔU_2)先是迅速增大,然后变慢,经过 2~3min 后逐渐达到饱和。这是因为在充电过程中,极化体与围岩溶液间的超电压是随充电时间的增加而逐渐形成的。显然,

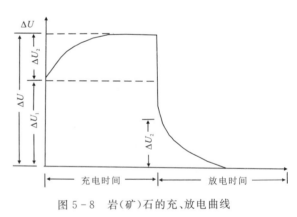

图 5-8 岩(矿)石的充、放电曲线

在供电过程中,二次场叠加在一次场上,我们把它称为总场电位差并用 ΔU 来表示。当断去供电电流后,一次场立刻消失,二次场电位差开始衰减很快,然后逐渐变慢,数分钟后减小到零。

2. 激发极化场的频率特性

交流激发极化法是在超低频电场作用下,根据电场随频率的变化来研究岩(矿)石的激电效应。图 5-9 是一块黄铁矿人工标本的激电频率特性曲线,由图可见,在超低频段($n \cdot 10^{-2} \sim n \cdot 10^2$ Hz)范围内,交流电位差(或者说由此而转换成的复电阻率)将随频率的升高

而降低,我们把这种现象称为频散特性或幅频特性。由于激电效应的形成是一种物理化学过程,需要一定的时间才能完成。所以,当采用交流电场激发时,交流电的频率与单向供电持续时间的关系是:频率越低,单相供电时间越长,激电效应越强,总场幅度越大;相反,频率越高,单向供电时间越短,激电效应越弱,总场幅度越小。显然,如果适当地选取两种频率来观测总场的电位差,便可检测出反映激电效应强弱的信息。

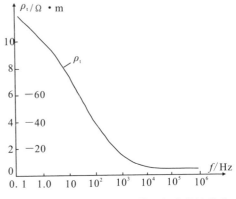

图 5-9 黄铁矿人工标本的激电频率特性曲线

3. 激发极化法的测量参数

视极化率(η_s):视极化率是直流激发极化法的一种基本测量参数。当地下岩(矿)石的极化率分布不均匀时,某一电极装置的测量结果实际上就是各种极化体激发极化效应的综合效应。它的表达式为:

$$\eta_s = \frac{\Delta U_2}{\Delta U} \times 100\% \tag{5-36}$$

式中,ΔU 为极化场电位差;ΔU_2 为断电后某一时刻的二次场电位差。

视频散率(P_s):视频散率是交流激发极化法的一种基本测量参数。该参数是通过选用两种不同频率的电流供电时所测总场电位差来进行计算,其表达式为:

$$P_s = \frac{\Delta U_{f_1} - \Delta U_{f_2}}{\Delta U_{f_2}} \tag{5-37}$$

式中,ΔU_{f_1}、ΔU_{f_2} 分别表示超低频段两种频率供电电流所形成的总场电位差。和 η_s 一样,它也是地下一定深度范围内各种极化体激发极化效应的综合反映。由于直流激电和低频交流激电二者在物理本质上是完全一样的,因此在极限条件下即 $\Delta U(f_1 \to 0)$ 和 $\Delta U(f_2 \to \infty)$ 时,两种方法会有完全相同的测量结果。

衰减度(D):衰减度是反映激发极化场(即二次场)衰减快慢的一种测量参数,用百分数来表示。二次衰减越快,其衰减度就越小。衰减度的表达式为:

$$D = \frac{\overline{\Delta U_2}}{\Delta U_2} \times 100\% \tag{5-38}$$

式中,ΔU_2 为供电 30s、断电后 0.25s 时二次场的电位差;$\overline{\Delta U_2}$ 为断电后 0.25~5.25s 时间段二次场的电位差平均值。

第五节 岩石的介电性质

典型的电介质是绝缘体,它们是不导电的。在电容器两极板间插入电介质可使该电容器的电容增大。这一现象的物理解释是,电场可使电介质发生极化,即在其表面出现极化电荷,但这些电荷被束缚在电介质内部,而不能像导体中的电荷那样在电场作用下做定向运动,形成传导电流。在交流电场中,这些束缚电荷的极化形成了位移电流,它在全电流中所起作用的大小取决于电场的频率。

大多数物质的电极化强度 P 和所加的电场 E 成正比,可以表示成:

$$P = \chi\varepsilon_0 E \tag{5-39}$$

式中,比例系数 χ 称为电极化率;ε_0 为真空中的介电常数。已知电介质中电位移矢量 D,电场强度 E 和电极化强度之间有如下关系:

$$D = \varepsilon_0 E + P = \varepsilon_0 E + \chi\varepsilon_0 E = \varepsilon_0(1+\chi)E = \varepsilon_0\varepsilon_r E = \varepsilon E \tag{5-40}$$

式中,ε 为介质的介电常数;ε_r 称为相对介电常数,等于 $\varepsilon/\varepsilon_0$。

一、矿物的介电常数及其影响因素

自然矿物的介电常数在很大的范围内变化,而且具有强烈的频散现象。在微波波段,介电常数的变化高达 2~4 个数量级;在低于微波的频段内,介电常数的变化范围更大;只有到了非常高的光频段,介电常数的变化范围才有所减小。

对于绝大多数的造岩矿物,包括硅质类,相对介电常数为 6~8。硫化物的相对介电常数可达几十,属于这一类的矿物有黄铁矿、磁黄铁矿、辉钼矿、钛铁矿等。另外一些硫化物的相对介电常数不超过 10(例如:闪锌矿、辰砂等)。表 5-2 给出了一些矿物的介电常数。

表 5-2　1.1GHz 时部分矿物的相对介电常数

物质	ε_r	物质	ε_r
石英	4.2~5.0	云母	6.2~9.3
方解石	7.8~8.5	泥岩	5~25
白云石	6.8~8.0	石油	2.0~2.4
岩盐	5.7~6.2	淡水(25℃)	78.3
石膏	5.0~11.5		

影响矿物介电常数的因素有很多,主要有频率、成分、结构、含水量、地质产状及温度等。

(1)频率:频率是引起物质介电常数变化的重要原因之一,但大多数造岩矿物在无线电波频段(10^2~10^6)Hz 呈很弱的介电常数频散特性。

(2)成分和结构:根据固体物理学的有关结果,构成矿物的离子类型、离子半径和离子极化率的大小决定了其电极化强度的高低。因此,矿物的成分将直接影响到其介电常数的大小。另外,矿物中的杂质和缺陷对矿物的介电常数也有影响。这是因为当矿物晶格中的离子被杂质取代后,将影响矿物内部的固有电偶极矩。矿物的结构对矿物的介电性有比较复杂的影响。

(3) 含水量：水的相对介电常数高达80，因此，水对矿物的介电性有很大的影响。实验表明，结构水对矿物的介电常数影响不大，而吸附水则严重影响矿物的相对介电常数，尤其是对于黏土矿物，大量的吸附水会表现出自由水的性质，明显地影响矿物的介电性。

(4) 地质产状：地质作用具有较强的区域性，因此，产于不同地区的同一种矿物会因为经历了不同的地质作用而具有不同的杂质。从而，不同产地的同一种矿物的介电常数数值有所不同。

(5) 温度：温度对介电常数影响的一般规律是温度升高，介电常数减小。

二、岩石的相对介电常数

岩石的相对介电常数与岩性有很大的关系。单矿物多晶岩石的介电常数总是大于其组成矿物的介电常数。例如，沉积岩的主要造岩矿物是石英、方解石、白云石和各种黏土矿物，而方解石和白云石的介电常数是石英的介电常数的1.5～2倍。所以碳酸盐岩的介电常数比主要组分是石英的砂岩的介电常数要高。一般地讲，沉积岩的相对介电常数值在2.5～40的范围内变化。在岩浆岩中，相对介电常数的变化范围是6～10，超基性岩和基性岩的值偏高，酸性岩偏低。变质岩的相对介电常数在5～17的范围内变化。表5-3给出了一些岩石的相对介电常数。

表5-3 常见岩石的相对介电常数

岩石	相对介电常数	岩石	相对介电常数
干燥砂岩	4.6～5.9	花岗闪长岩	6
天然气	1	砂岩	5
石油	2～2.4	白云岩	6.9
灰岩	7.5～9.2	火山凝灰岩	3.8～4.5
泥岩	5～25	黑云母花岗岩	6～8
砂质泥岩	5.53	辉绿岩	11.6
干燥白云岩	7～11	盐岩	5.6～6.35

第六节 岩石电学参数测定

岩石电学参数的测定，包括测量岩石的电阻率、介电常数和极化率。岩石的电学参数可通过岩石样品在实验室中进行测定，本节分别对三个参数的实验室测量方法进行简要的介绍。

1. 岩石的电阻率

在恒定电流供电的情况下,通过测量岩芯两端的电位差,根据岩芯的几何尺寸,就可以得到岩芯的电阻率(R)值。计算公式为:

$$R = \frac{\pi d^2}{4l} \times \frac{V}{I} \qquad (5-41)$$

式中,d 为岩芯直径;l 为岩芯长度;I 为通过岩芯的电流;V 为岩芯两端的电位差。

实验室中测量岩芯的电阻率,可以采用两极法,也可采用四极法,如图 5-10 所示。两极法的电极 A 和 B 既是供电电极,又是测量电极。这样做的缺点是测量精度受岩芯与电极之间接触电阻的影响。为减小接触条件的影响,测量电极应采用导电性好、容易贴紧岩芯的质地较软的金属材料,如铜和银,还要用鹿皮、滤纸等吸水材料作岩芯和电极的耦合材料。四极法在很大程度上消除了接触电阻的影响,但该方法仅适用于岩芯完全饱和水的情况,否则 M 和 N 间含水饱和度不好计算。

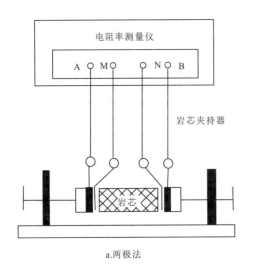

a.两极法

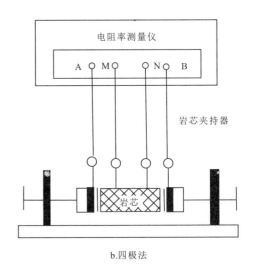

b.四极法

图 5-10 电阻率测量装置示意图

2. 岩石介电参数测量

介电常数是一个重要的岩石物理参数,人们尝试过很多方法来测量它,目前常用测量方法可根据频率不同分为:10KHz~200MHz,采用电容法;1~1100MHz,采用同轴线测量法;100MHz~2GHz,采用反射法、传输法和谐振腔法等。

3. 岩石复电阻率测量

岩石复电阻率测量方法与常规电阻率测量相似,不同之处是同时测得岩石阻抗的实部和虚部,而且测量频段较宽,对岩芯扫频供电,测量按照一定规律选取频率。如图 5-11 所示,测量采用二级法,测量仪器的核心是夹持器和阻抗分析仪。图中所示的装置是可加围压的夹持器,适于柱状岩芯,能够模拟地层压力,在驱替条件下测量。

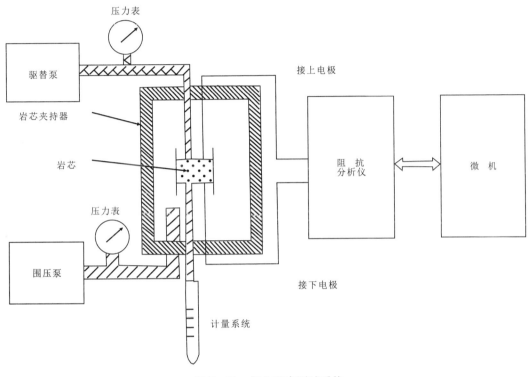

图 5-11 复电阻率测试系统

岩石复电阻率测量对岩芯扫描供电,通常在某一频段按照对数平均选取测试频率,频段则取决于实验的要求。现代测试系统利用计算机控制测量过程,包括对围压和驱替的控制。

4. 极化率的测量方法

极化率的测量方法一般采用对称四极装置,其过程与上述电阻率测量过程相似,在得到一次和二次电压后,利用极化率的定义公式计算标本极化率。为了补偿电极电位的影响,在测量中要利用同质材料制作电极。

第六章　岩石磁学特征

岩石磁学是研究岩石磁性的科学，是由地球物理学、地质学、矿物学、经典物理学、量子力学等学科交叉而形成的边缘学科。在经历了长期的发展之后，目前岩石磁性已形成了独立的理论体系，其有关结果已经为地磁（磁法）和地电（直流电法和交流电磁法）探测提供了坚实的理论基础和可靠的解释依据，而其实验观测技术也为研究现代及古代的地磁场特征提供了必要的手段和有力的技术支撑。

第一节　物质的磁性

物质的磁性是最为复杂的物理现象之一，作为特殊天然物质的岩石也不例外。实验证明，岩石的磁性与其内部所含化学元素的原子结构有关，还受岩石的矿物成分和结晶化学的影响。

由现代电磁学理论可知，任何物质的磁性都是带电粒子运动的结果。人类最早发现和研究物质的磁性是从磁铁开始的。磁铁具有 N、S 两极，这一点与正负电荷有很大的相似性，同极相斥，异极相吸。所以人们最初假定，在一根磁棒的两极存在一种"磁荷"的东西，N 极上的称为正磁荷，S 极上的称为负磁荷，整个磁棒可以看成一个磁偶极子。当磁极本身的几何线度远比它们之间的距离小得多时，人们把其上的磁荷称为点磁荷。在得到点电荷相互作用规律之前，库仑就通过实验方法得到了两个点磁荷之间相互作用的规律——磁库定律。后来，库仑又提出了所谓分子磁偶极子的假说，从而形成了磁场的磁荷理论。

1819—1820 年间，丹麦科学家奥斯特发现了历史上著名的奥斯特实验结果。该结果显示，电流可以对磁铁施加作用力，反过来，磁铁也会给电流施加作用力。后来，人们又认识到磁场和电流在本质上是一致的。19 世纪，法国科学家安培提出了安培分子环流假说，即组成磁铁的最小单元（磁分子）就是环形电流。随着对物质原子结构的认识以及电磁场理论的发展，现在人们清楚地认识到，一切稳定磁场都是电荷运动（电流）产生的。

一、物质磁性的基本概念

电磁场理论所描述的磁场和电流的密切关系，揭示了物质磁性的微观本质。由现代磁学理论可知，历史上最初建立起来的磁荷概念实际上是一个虚构的概念，它不符合磁介质的微观本质,但由于这种概念简单、明确,其宏观规律表达式以及计算结果与分子电流理论所描述的磁场规律完全一样,在实际应用中仍然被沿用。

1. 磁场强度和磁感应强度

通过对早期的磁力作用研究与电荷之间作用进行类比,建立了磁荷理论。无论异性还是同性磁荷之间均存在作用力,同性相斥,异性相吸,服从磁库仑定律,其作用力 F 满足如下公式:

$$F = \frac{1}{4\pi\mu_0} \frac{Q_{m1} Q_{m2}}{r^3} \bar{r} \quad (6-1)$$

式中,Q_{m1} 和 Q_{m2} 为两个磁棒端点的磁荷量,单位为 m·N/A;F 为磁力,单位为 N;$\bar{r}$ 为连接两个磁荷的连线矢径;r 为矢径的长度,单位为 m;$\mu_0 = 4\pi \times 10^{-7} \text{N/A}^2(\text{H/m})$,为真空中的磁导率。

磁场强度 H 定义为单位正磁荷所受的力,即:

$$H = \frac{F}{Q} = \frac{1}{4\pi\mu_0} \frac{Q_m}{r^3} \bar{r} \quad (6-2)$$

磁场强度的单位为 A/m。

真空中的磁感应强度 B 定义为:

$$B = \mu_0 H \quad (6-3)$$

式中,磁感应强度 B 的单位为 N/(A·m) 或 T(特斯拉)。磁法勘探中,常用单位为 nT(纳特),$1\text{T} = 10^9 \text{nT}$。

2. 磁偶极子、磁偶极矩和磁矩

磁偶极子 在一根磁棒的 N 和 S 两极存在一种"磁荷"的东西,N 极上的称为正磁荷,S 极上的称为负磁荷,整个磁棒可以看成一个磁偶极子。

磁偶极矩 以磁偶极子为基础定义的磁偶极矩 p_m 可以表示为:

$$p_m = Q_m \cdot 2l \quad (6-4)$$

式中,Q_m 为磁偶极子的总磁荷量;l 为连续两个点磁荷的矢量,方向由负到正;p_m 的单位为 T·m^3。

磁矩 磁偶极子的磁矩定义为:

$$m = p_m / \mu_0 \quad (6-5)$$

式中,m 的单位为 A·m^2。

3. 磁极化强度、磁化强度、磁化率、磁导率和相对磁导率

磁极化强度 磁极化强度的定义是单位体积的磁偶极矩,即:

$$J = \sum_{\Delta V} p_m / \Delta V \quad (6-6)$$

式中，ΔV 是磁介质中任意单元体积。

磁化强度　单位体积的磁矩，即：

$$\boldsymbol{M} = \sum_{\Delta V} \boldsymbol{m}/\Delta V = \sum_{\Delta V} \boldsymbol{p}_m/(\mu_0 \Delta V) = \boldsymbol{J}/\mu_0 \tag{6-7}$$

式中，磁化强度的单位为 A·m。

磁化率　描述介质被磁化难易程度的物理量，即：

$$\chi = \frac{\boldsymbol{M}}{\boldsymbol{H}} = \frac{\boldsymbol{J}}{\boldsymbol{B}} \tag{6-8}$$

磁化率是一个无单位的物理量，其量纲为 1。

磁导率　物质中磁感应强度 $\boldsymbol{B}$ 和磁场强度 $\boldsymbol{H}$ 之比，即：

$$\mu = \frac{\boldsymbol{B}}{\boldsymbol{H}} \tag{6-9}$$

相对磁导率　磁导率 μ 与真空磁导率 μ_0 之比，即：

$$\mu_r = \frac{\mu}{\mu_0} \tag{6-10}$$

对于顺磁性物质 $\mu_r > 1$，对于抗磁性物质 $\mu_r < 1$。

二、物质磁性的起源

磁性是自然界中普遍存在的一种现象，其根源是电荷的运动。对于宏观物质，其磁性表现为其被放入磁场中时会受到磁力的作用。物理上，宏观物质的磁性起源于原子的磁矩，而原子的磁矩又由原子核磁矩和其所含电子的磁矩组成。由于所有的物质都是由原子所组成的，所以自然的和人造的所有物体都是磁性体，只不过由于大多数物体内部的原子磁矩在排列上处于无序的状态，其单个原子的磁矩相互抵消，物体在整体上无磁性显示。

实验证明，原子核的磁矩很小，可以忽略。电子磁矩又分为轨道磁矩和自旋磁矩两部分。因此，原子的磁矩是由电子的轨道磁矩和电子的自旋磁矩组成的。

电子的轨道磁矩由电子环绕原子核的运动所产生。由普通物理学可知，沿着轨道运动的电子相当于一个闭合电路中的电流，称为（安培）分子电流。根据电磁感应定律，任何闭合电流都要产生磁场，所以电子的轨道运动要在原子内部产生一个磁矩。电子的轨道磁矩和电子的角动量有关。

电子的自旋是电子绕着一个轴线进行一定的旋转运动。与电子的轨道运动一样，电子的自旋也相当于一个闭合电流，要产生磁矩。由电子自旋所产生的磁矩与自旋角动量有关。根据电子的总角动量，可以求出原子的总磁矩。

三、物质磁性的分类

磁性是物质受到磁场作用时所表现出来的一种性质，即将物质置于磁场中时，物质会受到磁力的作用,磁性的强弱可以通过单位质量物质所受到的磁力方向和强度来表征。

物质的磁性可以分为五类,即反磁性、顺磁性、铁磁性、反铁磁性和亚铁磁性。

1. 反磁性

在受到外加磁场作用时所表现出与外加磁场相反的磁化强度的现象,称为反磁性。其磁化率小于零,数值很小,在 $10^{-7} \sim 10^{-6}$ 量级范围。

反磁性物质的特点是:外磁场去掉时,附加磁矩随即消失,合磁矩为零;磁矩方向与外磁场方向相反,且磁化率不随温度变化。通常金、汞、锌、铜、硫、碳以及水、大多数有机物和生物组织具有反磁性。

2. 顺磁性

物质在外磁场作用下,其热磁矩将沿着外磁场的方向进行排列,变形为与外磁场一致的磁性,这就是物质的顺磁性。其磁化率大于零,其量值在 $10^{-5} \sim 10^{-3}$ 范围,比抗磁性大 1~3 数量级。当外磁场加到一定程度时,顺磁性物质的磁化率达到饱和。顺磁性物质的特点是:磁化强度与热力学温度成正比,磁场方向与外磁场方向一致。常见的顺磁性物质有铝、锰、钨、铀等(图6-1)。

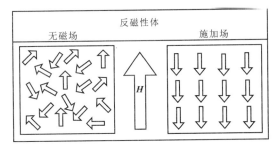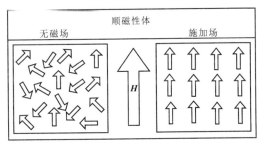

图 6-1 反磁性与顺磁性物质在有无磁场作用下的磁性示意图

3. 铁磁性

铁磁性物质中磁畴内部能够自发磁化,且磁矩平行排列,每个磁畴是无序排列,当施加外磁场时,各磁畴磁矩趋于定向排列。这是由于某些物质(铁、钴、镍)含有非成对电子,主要由电子自旋磁矩构成原子磁矩,由于相邻原子彼此相互发生交换力的作用,迫使这些电子保持自旋平行,即使没有外磁场作用,也在局部"区域"内产生平行排列,这种磁荷叫自发磁化,这些小区域称为"磁畴"。

铁磁性物质与外磁场的关系是,在无外磁场作用时,各磁畴的取向混乱,不呈磁性;当施加外磁场时,磁畴结构发生变化,畴壁移动,磁畴的磁化方向都接近磁畴的方向,显示出宏观磁性;当外磁场继续增加时,磁化趋于饱和,磁化强度不再增加;如果减小外磁场直到零,磁化不按原过程返回,而是落后于外磁场变化,外磁场为零时,仍保留部分磁化强度(剩余磁化强度),见图6-2。

铁磁性物质的相对磁导率比较大,远大于 $1(10^2 \sim 10^4)$,具有显著增强原磁场的性质。磁化强度与外磁场强度呈非线性关系,在比较弱的磁场作用下,即可达到磁化饱和;磁化强度随磁场的变化具有不可逆性;磁化率与温度的关系服从居里—魏斯定律(图6-2中 T_c 为居里温度,T 为热力学温度);铁磁性物质的基本磁矩为电子自旋磁矩,其轨道磁矩对合磁矩基本无贡献。

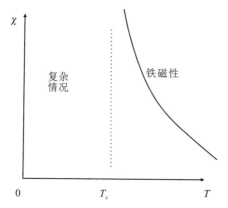

图6-2 温度与磁化率的关系(居里—魏斯定律)

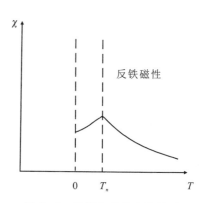

图6-3 温度与磁化率的关系

4. 反铁磁性

反铁磁性物质磁畴内部相邻磁矩自发成反向平行有序排列,磁畴没有净剩磁矩,每个磁畴也是无序排列,当施加外磁场时,显示微弱磁性的现象。反铁磁性物质具有很大的矫顽磁力、磁化率很小,一般为 $10^{-5} \sim 10^{-2}$。反铁磁性物质的磁性与环境温度有关,随着温度升高,有序的自旋结构被破坏,磁化率增加,在超过奈尔温度 T_n 后,自旋有序结构完全消失,表现为顺磁性。(图6-3、图6-4)。

5. 亚铁磁性

亚铁磁性物质磁畴内部结构与反铁磁性物质相同,但相反排列的磁矩大小不等,磁畴具有净剩磁矩,当施加外磁场时,磁畴趋于定向排列,显示强磁性的现象。亚铁磁性物质具有较强的剩余磁化强度和较大的磁化率,一般为 $1 \sim 10^3$。

亚铁磁性物质的磁化率和磁化强度比铁磁性物质低,但其电阻率一般要高很多。在居里温度以后,亚铁磁性也变为顺磁性,温度增加磁化率降低(图6-4)。

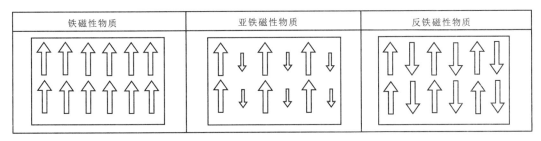

图 6-4 铁磁性物质、亚铁磁性物质及反铁磁性物质示意图

四、磁性的临界温度

1. 居里温度

对于铁磁性和亚铁磁性物质来说,并不是在任何温度下都具有相同的磁性。这些磁性物质一般都具有一个临界温度,高于临界温度为顺磁性,低于临界温度为铁磁性或亚铁磁性。因此,我们把物质在铁磁性或亚铁磁性和顺磁性之间可以相互转变的温度叫作居里温度或居里点。此性质最早是在 19 世纪末,由著名物理学家皮埃尔·居里在自己的实验室里研究磁石时,发现的一个物理特性,当磁石加热到一定温度时,原来的磁性就会消失。后来人们把这个温度叫"居里点"或"居里温度"。

磁性物质随着温度升高,固有磁矩的有序排列由于热搅动效应的加强就会逐渐被破坏,到居里温度后,其磁矩接近无序排列。或者说温度增高导致自发磁化强度逐渐减小,高于居里温度时,任何铁磁性体中的自旋磁矩的定向性将遭到破坏,从而铁磁性体成为顺磁性体。不同的矿物具有不同的居里温度,如磁铁矿的居里温度为 575℃,赤铁矿为 675℃。如果岩石中含有多种铁磁性矿物,那么此岩石就有多个居里温度。

在地球上,岩石在成岩过程中受到地磁场的磁化作用,获得各种微弱磁性,并且被磁化的岩石的磁场与地磁场是一致的。这就是说,无论发生何种地质变化,只要它的温度不高于"居里点",岩石的磁性就不会改变。根据这个道理,只要测出岩石的磁性,自然能推测出当时的地磁方向。这就是在地学研究中人们常说的化石磁性。在此基础之上,科学家利用化石磁性的原理,研究地球演化历史的地磁场变化规律,这就是古地磁说。为了寻找大陆漂移说的新证据,科学家把古地磁学引入海洋地质领域,并取得令人鼓舞的成绩。

由地表到地壳深部,当温度到达岩石的居里温度时,地下岩石就会失去强磁性。可以通过磁测工作反演求取居里面,根据居里面的分布特征来研究相关的地质构造和岩石分布特征以及地温分布等地质问题。

2. 奈尔温度

对于反铁磁性体,在低于某个临界温度时,物质是反铁磁性的,而高于此温度时,物质转变为顺磁性,此临界温度叫作奈尔温度。反铁磁性物质在奈尔温度以上,热运动强于原子间的磁相互作用,反铁磁性物质转变为顺磁性物质,其磁化率仍可写成居里—魏斯定律的形式。但在奈尔温度以下,由于原子间的磁相互作用胜过热运动的影响,出现反铁磁性。由于反铁磁性晶体的各向异性,磁化率和外部磁场方向有关:当外部磁场垂直于自发磁化方向时,磁化率基本保持不变;当外部磁场平行于自发磁化方向时,磁化率随温度下降而减小,温度趋于0K(绝对零度)时,磁化率趋于零。

五、物质的磁化过程

物质的磁化过程用磁化强度和磁场强度之间的关系曲线来表示(图6-5)。对于顺磁性和反磁性物质,磁化强度与外磁场强度成正比,磁化过程比较简单。对于铁磁性物质,当外磁场从零开始逐渐增加时,铁磁性物质的磁化强度也逐渐上升,直到饱和为止。与顺磁性和反磁性物质不同,在铁磁性物质的磁化过程中磁化强度和磁场强度的关系是非线性的。如果在达到饱和后把外磁场降为零,则磁化强度会降到一个非零值,称为剩余磁化强度。如果继续在反方向逐渐加强磁场,磁化强度会逐渐降到零,然后再沿着反向加强的外磁场方向增长直到饱和。

磁滞回线(图6-6)、剩余磁化强度和校顽磁力是铁磁性物质区别于其他磁性物质的三个特点。

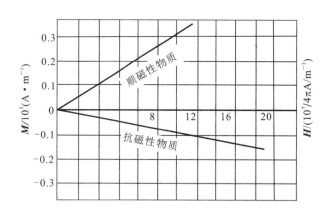

图6-5 抗磁性与顺磁性物质的磁化强度

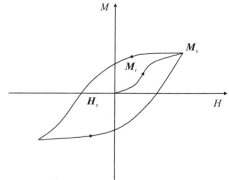

H. 磁场强度;M. 磁化强度;H_C. 校顽磁力;M_S. 饱和磁化强度;M_r. 剩余磁化强度。

图6-6 磁滞回线

第二节 矿物的磁性

大多数矿化物的磁化率都很小,一般低于10^{-4}。因此多数岩石或矿物的磁导率近似等于真空磁导率,即$\mu \approx \mu_0$。这是由于矿物磁导率μ等于真空磁导率μ_0与磁化作用附加磁导

率 $\mu_0\chi$ 之和,即 $\mu=\mu_0(1+\chi)$。

尽管矿物磁化率的绝对值很小,但不同矿物间磁化率的差别却很大。因此,在描述岩石或矿物磁学性质时,多用磁化率的概念。一般来说,磁化率高的矿物其磁性就强,反之就弱。按磁化率特征可将矿物分为三大类,即抗磁性矿物、顺磁性矿物和铁磁性矿物。

一、抗磁性矿物与顺磁性矿物

自然界中,绝大多数矿物是抗磁性的或顺磁性的。它们的磁化率由化学成分、晶格结构,以及化学键类型等因素所决定。共价键矿物一般磁性很弱,离子键矿物磁化率变化范围大,且与离子价有关。

无铁的造岩矿物(石英、钾长石、斜长石、绿帘石、方柱石等)是抗磁性的或弱顺磁性的。表 6-1 给出了几种常见矿物和岩石的磁化率。由表中的数据可以看出,抗磁性矿物磁化率都很小,在磁法勘探中通常视为无磁性;顺磁性矿物磁化率要比抗磁性矿物大得多。

表 6-1 主要抗磁性和顺磁性矿物磁化率表

抗磁性矿物				顺磁性矿物			
矿物名称	磁化率/10^{-6}SI	矿物名称	磁化率/10^{-6}SI	矿物名称	磁化率/10^{-6}SI	矿物名称	磁化率/10^{-6}SI
石英	-13	方铅矿	-26	橄榄石	20	绿泥石	200~900
正长石	-5	闪锌矿	-48	角闪石	100~808	金云母	500
锆石	-8	石墨	-4	黑云母	150~650	斜长石	10
方解石	-10	磷灰石	-81	辉石	400~900	尖晶石	30
岩盐	-10	重晶石	-14	铁黑云母	7500	白云母	40~200
石膏	-13	方解石	-11	闪锌矿	5	金红石	0.03
刚玉	-12	金	-43	伊利石	3	菱锰矿	30
锡石	-23	铜	-4	蒙脱石	2	黄铁矿	11
金刚石	-2	水(液态,0℃)	-1	绿脱石	12	黄铜矿	3

二、铁磁性矿物

自然界中并不存在纯铁磁性矿物,铁磁性矿物主要是指含有铁的氧化物和硫化物及其他金属元素的固溶体等的矿物。它们的磁性很强,对岩石磁性起着决定性的作用。

对于铁磁性矿物,其最稳定的磁参数是饱和磁化强度和居里温度,其他参数如磁化率、剩余磁化强度、矫顽磁力等的变化范围都很大。岩石中的铁磁性矿物可分成两类:一类是强磁性的立方晶型氧化矿物,如磁铁矿、磁赤铁矿和钛磁铁矿;另一类是弱磁性的菱形六面体矿物,如赤铁矿、钛铁矿和磁黄铁矿等,属于反铁磁性矿物或不完全反铁磁性矿物。

表6-2 常见铁磁性矿物磁化率

矿物	分子式	磁化率/10^{-6}SI
磁铁矿	Fe_3O_4	$0.07\sim0.2$
钛磁铁矿	$xFe_3O_4\cdot(1-x)TiFe_2O_4$	$10^{-7}\sim10^{-2}$
磁赤铁矿	γFe_2O_3	$0.03\sim0.2$
赤铁矿	αFe_2O_3	$10^{-6}\sim10^{-5}$
磁黄铁矿	FeS_{1+x}	$10^{-3}\sim10^{-4}$
铁镍矿	$NiFe_2O_4$	0.05
锰尖晶石	$MnFe_2O_3$	2
镁铁矿	$MgFe_2O_4$	0.8
针铁矿	$\alpha FeOOH$	$(0.02\sim80)\times10^{-4}$
纤铁矿	$\gamma FeOOH$	$(0.9\sim2.5)\times10^{-4}$
菱铁矿	$FeCO_3$	$(20\sim60)\times10^{-4}$

第三节 岩石的磁性

处于地壳中的各种岩石,从它们形成时起,就受地球磁场的磁化而具有不同程度的磁性。而岩石由矿物颗粒组成,其磁性由其中所含的磁性矿物所引起。全岩中的磁性矿物也许只占百分之几,但这很小部分磁性矿物就决定了岩石的磁性和磁化强度。一般来说,不同岩体或构造体的磁性变化很大,其磁性不仅取决于磁性矿物种类及其含量和颗粒大小,还与沉积或结晶条件,以及形成后的地质历史有关。

研究岩石磁性,其目的在于掌握岩石和矿物受磁化的原理,了解矿物与岩石的磁性特征及其影响因素,以便正确确定磁法勘探能够解决的地质任务,以及对磁异常作出正确的地质解释。有关岩石磁性的研究成果,亦可直接用来解决某些基础地质问题,如区域地层对比,构造划分等。

自然界岩石磁性的一般特征是,岩浆岩磁性较强,沉积岩磁性最弱,变质岩的磁性介于二者之间,主要取决于原岩的磁性。在岩浆岩中火山喷出岩的磁性比侵入岩强,基性岩磁性大于中性岩,中性岩磁性相对大于酸性岩,三大岩磁性一般值参见表6-3。

表 6-3 三大岩磁性一般值

岩石类型	磁化率/10^{-6}SI	磁化强度/$(A \cdot m^{-1})$
沉积岩	0~7500	10^{-3}~1
变质岩	10~150 000	10^{-3}~1
岩浆岩	30~400 000	10^{-3}~10

一、岩浆岩的磁性

岩浆岩由高温岩浆冷却结晶而成,其剩磁属于热剩磁。岩浆岩一般都不同程度的有铁磁性矿物,大多显示磁性特征,见表 6-4,岩浆岩的磁性一般具有以下特征。

表 6-4 部分岩浆岩的磁化率表

岩石名称	磁化率/10^{-6}SI	岩石名称	磁化率/10^{-6}SI
流纹岩	1500~40 000	花岗岩	1000~28 000
安山岩	5000~120 000	闪长岩	2300~85 000
玄武岩	10 000~150 000	辉绿岩	5000~100 000
玄武岩熔岩	10 000~200 000	橄榄岩	20 000~400 000

(1)侵入岩(如花岗岩、花岗闪长岩、闪长岩、辉长岩和超基性岩等),其磁化率平均值随着岩石的基性程度增大而增大。超基性岩在岩浆岩中磁性最强,超基性岩在经受蛇纹石化时形成蛇纹石和磁铁矿,使磁化率急剧增大。

(2)喷出岩在化学和矿物成分上与同类侵入岩相近,其磁化率的一般特征相同。由于喷出岩迅速且不均匀地冷却,结晶速度快,磁化率离散性大。

(3)同一成分的岩浆岩其磁性变化较大。

二、沉积岩的磁性

沉积岩的剩余磁性都很弱,基本上属于碎屑剩磁和化学剩磁,见表 6-5,但很稳定,磁性比岩浆岩和变质岩要弱很多,其量值在 10^{-6}~10^{-3}SI 之间,一般把沉积岩看作是无磁性的。沉积岩的磁性主要取决于磁性副矿物(如磁铁矿、磁赤铁矿、赤铁矿、铁的氢氧化物)的含量及成分。而造岩矿物如石英、长石、方解石等,对磁化率无贡献。沉积岩的天然剩磁主要来源于形成沉积岩的母岩,与母岩剥蚀下来的磁性颗粒有关。一般粗粒的沉积岩(砾岩、砂岩等)离母岩近,磁性较强。细粒的沉积岩(泥灰岩、粉砂岩等)离母岩远,磁性较弱。还有的沉积岩几乎不含任何铁磁性物质(如灰岩),基本上是非磁性的。

表 6-5　部分沉积岩的磁化率表

岩石名称	磁化率/10^{-6} SI	岩石名称	磁化率/10^{-6} SI
砂岩和砂	20～5300	灰岩和白云岩	－40～2040
粉砂岩	20～3000	石膏和硬石膏	20～900
黏土岩和泥板岩	20～3500	岩盐	0～100
泥灰岩	20～1000	页岩	20～4000

三、变质岩的磁性

变质岩的磁性一般与其变质前岩石的磁性有关,可能具有原岩的热剩磁或碎屑剩磁与化学剩磁,但也要注意岩石受高温和高压作用产生物理化学变化使矿物成分发生变化而引起的磁性变化。变质岩的磁化率变化范围很大,见表 6-6。正变质岩的磁性与母岩相近,其磁性有铁磁性—顺磁性与铁磁性两组。副变质岩的磁性也与母岩相近,一般具有铁磁性—顺磁性。如正片麻岩磁性与花岗岩接近,副片麻岩磁性与泥砂岩接近。大理岩和石英岩磁性也很弱,如这些岩石含有铁磁性矿物其磁性会增强,如含铁石英岩、铁质千枚岩等变质岩磁性均比较强。变质岩的磁性还与变质过程中各种因素有关,如外来性和原生性。层状结构的变质岩具有明显的磁各向异性,剩磁方向往往偏向片理方向或近变质岩走向,在垂直层理方向上磁性最弱。变质岩的磁性还与其矿物的重新组合、重结晶作用有关。

表 6-6　部分变质岩的磁化率表

岩石名称	磁化率/10^{-6} SI	岩石名称	磁化率/10^{-6} SI
大理岩	－90～1000	蛇纹岩	500～42 800
片麻岩	5000～380 000	石英岩	0～1750
片岩	1000～160 000	角闪岩	2000～290 000
矽卡岩	3000～170 000	混合岩	500～30 000

四、岩石磁性的主要影响因素

影响岩石磁性的因素比较多,主要与铁磁性矿物的种类与含量、磁性矿物颗粒的大小及结构、温度和压力等因素有关。

1. 岩石的矿物成分

岩石磁性的强弱主要取决于铁磁性矿物(如磁铁矿、钛磁铁矿、磁黄铁矿、磁赤铁矿、锰尖晶石、镁铁矿等)的种类与含量。一般来说,铁磁性矿物含量越高,岩石的磁性越强。就侵入岩而言,前人的实验资料和理论计算结果表明,当铁磁性矿物(为深色矿物中的稀有杂质)含量0.01%时,呈现出规律的相关关系,见图6-7。

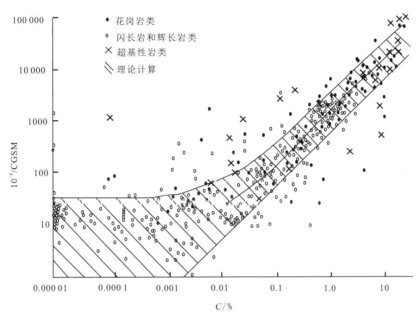

图6-7　侵入岩磁化率(χ)与铁磁性矿物含量(C)的相关关系

2. 磁性矿物颗粒大小和结构

已有实验结果表明,整体岩石的磁性与其所含的铁磁性矿物颗粒的大小、形状及它们的结构等因素有关。在相同外磁场作用下,铁磁性矿物的相对含量保持不变的情况下,其颗粒粗的要比颗粒细的磁化率大,也就是说矿物颗粒越粗,磁性越强。但是对于矫顽磁力来说,它与铁磁性矿物颗粒大小是反比关系,即颗粒越粗其矫顽磁力越小。这一点也就可以解释同一成分喷发岩的剩磁常常大于侵入岩的现象。此外,在其他条件相同的情况下,铁磁性矿物颗粒相互胶结越好,磁性越强。

3. 温度和压力

温度和压力会对矿物和岩石的磁性产生很大的影响。一般在低温下磁性稳定性好,高温下磁性稳定性较差,如图6-8所示。一旦将岩石加热到居里温度,磁性岩石就会失去它原来的铁磁性成为顺磁性。岩浆的冷却结晶速度不同,岩石获得的热剩磁不尽相同,冷却速度越快,获得的热剩余磁化强度(M_r)越大,因此,相同成分的喷出岩剩磁大于侵入岩的剩磁。

抗磁性矿物磁化率与温度无关。顺磁性矿物磁化率与温度成反比,随温度增高,磁化率减小。铁磁性矿物存在可逆型和不可逆型。可逆型是加热冷却过程,在一定条件下,磁化率都有同一数值。不可逆型是加热和冷却过程,磁化率数值变化不一致。

实验研究结果表明磁性矿物在压力作用下磁化率有一定程度的减小。如磁铁矿在弱磁场中,受到 400kg/cm^2 的单向压力时,其磁化率减小 $20\%\sim30\%$。同样岩石磁性也随压应力的增大而减小,岩石的剩余磁化强度会沿应力方向降低,垂直应力方向影响不大,有时略有增加。因此,由于地质应力作用而形成的断裂破碎带,在断裂带上的磁性较弱。若后期沿着断裂带发育了磁性较强的岩浆岩,则断裂带的磁性会变强。

4. 地质作用

从岩石形成和所经历的地质作用来讲,其磁性与地质作用有着密切关系。总的来说,岩浆喷出作用所形成的岩石,其磁性强于侵入作用所形成的岩石;内生作用形成的岩石,一般强于外生作用形成的岩石;较年轻岩石磁性强于老岩石;应力作用使岩石磁性沿应力方向减弱;变质作用也会使岩石磁性发生改变,氧化还原作用可使岩石中的铁质还原成磁铁矿使磁性变强,例如火烧煤层上常出现较强磁性就是铁质的氧化还原作用所致。

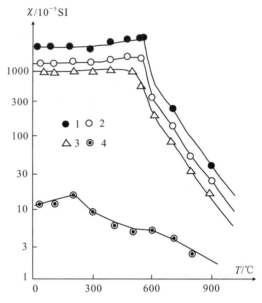

1. 花岗闪长岩;2. 黑云母角闪花岗岩;
3. 闪长岩;4. 黑云母花岗岩。

图 6-8 岩石磁化率与温度的关系

第四节 岩石的剩余磁性

剩余磁性(简称剩磁)是各种剩余磁化强度的简称,是物质在各种物理化学过程中,在外磁场的作用下,被保留下来的磁性。因此剩磁特征可以反映物质的形成过程,从地质学的角度来说,岩石的各种剩磁具有一定的地质意义。如通过对洋脊两侧剩磁条带异常的研究,发展了海底扩张理论学说。通过对不同时代沉积岩剩磁的研究,进一步确定了板块漂移学说。物质的剩磁过程和成因比较多,主要剩磁类型如下。

1. 热剩磁(TRM)

岩石从居里温度以上开始冷却的过程中,受当时恒定地磁场作用,磁化所获得的稳定剩磁,称为热剩磁。如果在磁化磁场中继续冷却,铁磁性物质在每一个小的温度区间内均可获得一定的热剩磁,称为局部热剩磁。如果继续冷却到常温,铁磁性物质所获得的总热剩磁就是各个温度区间内的局部热剩磁的总和,居里温度点时获得的剩磁是成岩时的,以后的剩磁便是后生的,见图 6-9。

随机分布的磁性颗粒集合所获得的剩磁和外界磁场平行,剩磁强度与冷却时的外加磁场的强度相关。多畴晶体的热磁强度比单畴晶体的要低,单畴晶体的热剩磁在古地磁的研究中起着十分重要的作用。热剩磁相当稳定,在地质时间里很少发生变化,因此,热剩磁精确地记录了遥远地质年代地磁场的方向和强度。不同种类的岩浆岩具有不同热剩磁,如洋脊磁异常条带就是洋脊扩张时玄武岩浆岩的热剩磁。一般来说,基性岩浆岩比酸性岩浆岩的热剩磁强,火山岩比侵入岩的热剩磁强。

2. 碎屑剩余磁性(DRM)

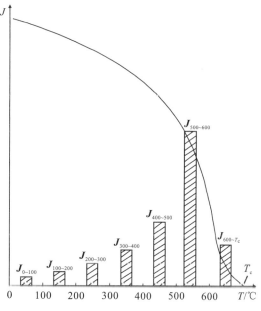

图 6-9 铁磁性矿物热剩磁的获得过程

碎屑剩余磁性又称沉积剩磁(简称碎屑剩磁),是已经磁化的岩石碎屑在水中或空气中沉积时,受到当时地磁场的作用而定向排列保存的剩磁。沉积岩的磁性物质大多来源于岩浆岩,因此本质上还是热剩磁,具有很高的稳定性。但是沉积岩中的磁性物质比岩浆岩少,所以沉积岩的碎屑剩磁比岩浆岩的热剩磁要低几十至几百倍。碎屑剩磁对海相沉积物和湖相沉积物具有重要意义。

3. 化学剩磁(CRM)

在沉积或结晶后,岩石经受某种物理化学变化而获得的一种磁性状态,称为化学剩磁。这些物理化学变化,可以是氧化作用或者是还原作用,也可以是物相变化、脱水作用、胶泥沉淀作用、固溶体出溶、再结晶作用或颗粒生长。如赤铁矿 350℃ 还原成磁铁矿,则会得到很强的剩磁。褐铁矿脱水反应生成赤铁矿微小晶粒时也会获得稳定磁性。其过程通常是在地磁场中恒温条件下发生的,其强度和稳定性可同热剩磁相比。化学剩磁对某些沉积岩和变质岩来说很重要。

4. 等温剩磁(IRM)

等温剩磁是在远低于居里点的常温下,如果某些磁性物质受到较强外磁场的作用(如闪电作用),使近地表岩(矿)石磁性发生大小和方向的改变而获得的剩磁。等温剩磁与热剩磁相比,不稳定,方向性差,磁性弱,方向和大小均随着外部磁场的变化而改变。

5. 黏滞剩磁(VRM)

岩石生成之后,长期处在地球磁场作用下,随着时间推移,其中原来定向排列的磁畴逐渐地弛豫到作用磁场的方向,所形成的剩磁称为黏滞剩磁。它的强度与时间的对数成正比,随着温度的增高,黏滞剩磁增大。裸露于地表的岩石,受昼夜及季节温差变化的热扰动影响,随时间增长,会形成较强的黏滞剩磁,与等温剩磁相比,较强也较稳定。

6. 压剩磁(PRM)

它是岩石在磁场中经过机械形变过程而获得的一种磁性状态,也可叫作应变剩余磁化强度。外加的应力可以是在弹性应力或非弹性应力范围内,也可以是构造作用力,流体静压力或冲击力等。压剩磁对研究断层性质有一定的作用。

第五节　岩石磁性的野外与实验室测量

岩(矿)石磁性参数测定是岩石磁性研究的基础性工作。根据所用测定场地的不同,岩(矿)石磁性参数测定分为野外现场测定和实验室内测定两大类。在勘探地球物理中,必须通过实验测定的磁性参数是总磁化强度、剩余磁化强度及磁化率。

一、岩石磁性的实验室测定

在实验室内可以测定岩石磁化率、剩余磁化强度、矫顽磁力、居里点和磁化强度的稳定性等参数。根据测量原理,可以将实验室内的岩石磁性测量方法分为磁法测量和感应测量两大类。

(1)磁法测量:磁法测量所使用的仪器可以是专用的无定向磁力仪,也可以是用于野外生产的常规磁力仪。其测量原理是根据实际所观测到的磁场值,利用磁偶极子的场强公式计算标本的磁化率。根据标本相对于探头的位置,可以将测量方法分为三类:a.高斯第一位置法;b.高斯第二位置法;c.无定向位置法。

(2)感应测量法:磁法直接测量标本产生的磁场,与此相反,感应法测量标本的感应电动势。根据电磁感应理论,当通有电流的线圈中放入磁性体后,线圈中要产生附加的感应电动势。同理,当岩石标本相对于通电线圈的位置发生变化时,线圈中的感应电动势也会发生变化。在得到了感应电动势的变化以后,可以根据电磁感应理论中的有关公式计算出剩余磁化强度和磁化率。

(3)退磁:为了测量剩余磁化强度的大小及方向,需要对岩石标本进行退磁处理,以消除掉现代磁场对标本磁性的影响。同时,退磁处理还可以消除一些其他因素的影响。

二、岩石磁性的野外测定

实验室内所测得的标本是处于非自然状态下的岩石样品。因此,在实验室内所得到的岩石磁性参数值与其在自然状态下的参数值会有一定的差别。为了得到岩石在自然状态下的磁性参数,可以采用地面、航空或井中磁测的有关方法技术。在野外观测数据的基础之上,通过利用现代地球物理反演方法,可以计算出地下磁性体的总磁化强度和磁化率。

利用磁化率测井,也可以在钻孔中直接测出岩层的磁化率。目前,磁化率测井都是根据电磁感应原理进行的。

第六节　岩石磁性的应用概述

一、磁法勘探中的应用

磁法勘探是利用地壳内各种岩(矿)石间的磁性差异所引起的磁异常来寻找有用矿产或查明地下地质构造的一种地球物理勘探方法。在全球地质构造研究中,利用岩石磁性测量可确定大型断裂和构造破碎带。最具影响力的是洋脊的磁异常测量,其为海底扩张理论提供了最有力的证据;在区域地质调查中,磁测可以用来划分大地构造单元,圈定岩体和断裂;在矿产资源勘查中,利用磁测来寻找铁矿或与铁磁性矿物共生的其他多金属矿产等有着独特的优势。

二、地质学研究中的应用

根据岩浆岩的热剩磁,沉积岩的碎屑剩磁,可以系统地测定各种不同地质年代的地磁场方向,追溯地球磁场的历史和发展变化,同时研究地壳的运动和变化。由于同一时期生成的岩石不管其处于地球上的哪一部分,它们所获得的磁性都是由当时的地磁场所决定的,彼此相关联,且具有全球一致性。因此,可以通过各种古地磁参数,如偏角、倾角、古极位置和古纬度等的测定,推算出各岩石之间在时间、空间上的相互关系。如果这些岩石获得磁性以后,经历了某种地质事件,如构造运动等,就可能引起它们的各种古地磁参数的变化。通过对这些变化的统计分析,可以追溯它们所经历的地质事件。

1. 关于古地磁极位置的研究促进了大陆漂移学说的发展

20世纪50年代以后,大量的研究结果表明,由同一大陆、同一地质时代的岩石标本得出的古地磁极位置基本一致。但由不同大陆、同一地质年代的岩石标本得出的古地磁极位置却往往不同。由同一大陆不同地质年代所得到的古地磁极位置连成的曲线叫作极移曲线,这种极移只是一种表观现象,而不是真实的过程。古地磁极移第一次为地壳水平运动提供了有力的证据,从而导致了沉寂多年的大陆漂移学说的复活和板块大地构造学说的建立,引起了地学家的极大重视。

2.验证海底扩张学说

对于大洋中脊两侧对称分布的磁异常条带现象的最合理的解释是,上地幔物质沿大洋中脊断裂上涌而冷凝成岩,同时受到当时古地磁场作用而磁化,上涌冷却岩浆对两侧形成推力。相隔一定的地质时期,地幔物质又沿大洋中脊断裂上涌而冷却磁化,同时推着旧海底向两侧扩张,这时如果古地磁场发生倒转,则形成反向磁化。大洋中脊的如此多期次活动,就形成了现在的大洋中脊两侧的磁异常条带现象,这一现象使海底扩张假设理论得到了古地磁方面的证实。岩石同位素年龄的测量结果表明,离开大洋中脊,岩石的年龄越来越老,此测量结果也证实了这一假设的合理性。

3.地磁倒转证实与地磁极性年表

研究结果表明,不同地质年代岩石的剩磁方向正负几乎各占一半,而且这种方向的颠倒在时间上具有很好的全球一致性,这种现象的唯一合理解释是地磁场曾多次发生过极性倒转。从岩石磁性测量中发现了古地磁场地磁极性倒转和古地磁极移的事实,这是古地磁学的两大重要研究成果。

三、其他方面的应用

1.磁法选矿方面的应用

磁法选矿则是利用各种矿物的磁性差异,在磁场力作用下,达到分离不同磁性矿石的目的。

2.考古学中的应用

随着高灵敏度磁力仪的开发与应用,利用文物和遗迹记录的当时的古地磁场信息,通过对各种剩磁的观测,可以很好地反映文物的各种性质,包括空间和时间特性,研究实践表明,利用地磁学方法进行考古研究,是一种比较有效的手段。

第七章　岩石的力学性质

岩石在外力作用下，其原始长度、体积和形状都会发生变化，受力后变形是岩石最常见的力学性质。当外力取消时，这些变形又可恢复到原来的形态，岩石的这种变形可恢复性质称为岩石的弹性。能够完全恢复形变的介质为完全弹性体，不能完全恢复变形的介质为不完全弹性体，或称为黏弹性介质。可通过应力和应变的关系来研究岩石的弹性性质，利用弹性参数或弹性模量来表征岩石的弹性性质。岩石有关弹性理论是地震波理论的基础。

第一节　岩石的变形

一、弹性参数的基本概念及主要参数

1. 应力与应变

1) 应力

应力是在外力作用下，物体内部各截面之间产生的附加内力，其值等于单位面积上所受的外力，单位为 Pa 或 N/m^2。如图 7-1 所示，在岩石的表面向其施加均匀外力 F 时，则应力大小等于单位截面积上的外力，即：

$$P_m = \frac{F}{A} \quad (7-1)$$

式中，P_m 为应力，单位为 Pa 或 N/m^2；F 为所受外力，单位为 N；A 为截面积，单位为 m^2。

若作用于岩石表面的外力不均匀分布，则需要利用微积分的方法来计算应力，则：

$$P_m = \lim_{\Delta A \to 0} \frac{\Delta F}{\Delta A} = \frac{dF}{dA} \quad (7-2)$$

应力是张量，有大小和方向，同一个作用点的应力组分可根据平行四边形法则对其进行分解和合成。通常将应力沿着垂直

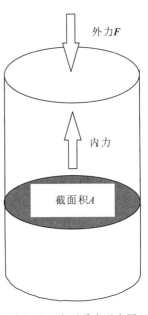

图 7-1　岩石受力示意图

和平行于作用面方向分解为正应力 σ 和剪应力 τ。在图 7-1 中，外力垂直于分析截面积，此时应力为正应力或法向应力。此外，需要注意的是岩石力学中规定压应力为正，拉应力为负。

2) 应变

在应力作用下，岩石内部各质点间相对位置发生改变，称为变形。变形可以是形状改变，也可以是体积改变，或二者均有改变。为了描述岩石的变形程度，采用应变概念，即在应力作用下，岩石形状和大小的改变量，以其相对变形来量度。应变是表征物理受力时，内部各质点之间的相对位移，没有量纲，其有三种基本的应变类型：拉伸应变、压缩应变和剪切应变，如图 7-2 所示。

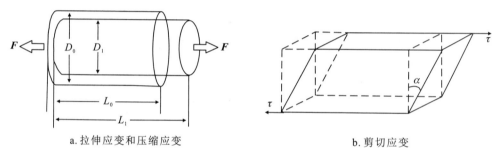

a. 拉伸应变和压缩应变　　　　　　b. 剪切应变

图 7-2　应变类型的示意图

拉伸应变是指岩石受力发生变形后，所增加长度与变形前长度的比值，如图 7-2a 所示。岩石的长度为 L_0，在拉伸作用下，长度变为 L_1，则其拉伸应变 $\varepsilon_{拉}$ 为：

$$\varepsilon_{拉} = \frac{\Delta L}{L_0} = \frac{L_0 - L_1}{L_0} \tag{7-3}$$

式中，ΔL 为岩石长度的变形量，单位为 m；L_0 为初始长度，单位为 m；L_1 为外力作用后长度，单位为 m；$\varepsilon_{拉}$ 为拉伸应变，并规定压应力产生的应变为正，拉应力产生的应变为负。

实验证明，岩石在纯拉伸中，不仅沿着受力方向有纵向拉伸应变，而且在与受力垂直方向上也有横向压缩应变，即当岩石在纵向上被压缩或拉伸时，在横向上也会出现拉伸或压缩。如图 7-2a 所示，圆柱形岩石处于拉伸状态，变长的同时也会变细，则岩石的压缩应变 $\varepsilon_{压}$ 为：

$$\varepsilon_{压} = \frac{\Delta D}{D_0} = \frac{D_0 - D_1}{D_0} \tag{7-4}$$

式中，ΔD 为直径的变形量，单位为 m；D_0 为原直径，单位为 m；D_1 为外力作用后直径，单位为 m；$\varepsilon_{压}$ 为压缩应变。

剪切应变是指在剪应力 τ 的作用下，岩石内部原来相互垂直的两条微小线段所夹直角的改变量。如图 7-2b 所示，在剪应力 τ 作用下，岩石发生偏斜，则该偏斜角 α 的正切值定义为剪切应变 γ。

2.岩石的静态弹性参数

根据测量原理的不同,岩石的弹性参数分为静态弹性参数与动态弹性参数,根据岩样在施加荷载条件下的应力—应变曲线获得的各参数统称为静态弹性参数。

1)泊松比

与外力同方向的伸长(或压缩)方向上应变称为轴向应变,而与外力成垂直方向上的应变称为横向应变,并规定压缩为正,拉伸为负。在单向受拉或受压时,横向正应变与轴向正应变的绝对值比值称为泊松比,记为 ν。设长为 L、直径为 D 的圆柱形岩石,在受到力作用时,其长度变化 ΔL,直径变化 ΔD,则岩石的泊松比表示为:

$$\nu = \frac{|\Delta D/D|}{|\Delta L/L|} \tag{7-5}$$

2)杨氏模量

设外力 F 作用在长度为 L、横截面积为 A 的均匀弹性体的两端(弹性体被压缩或拉伸)时,弹性体的长度发生 ΔL 的变化,并且弹性体内部产生恢复其原状的弹性力。弹性体单位长度的形变 $\Delta L/L$ 称之为应变,单位截面积上的弹性力称之为应力,它的大小等于 F/A。由虎克定律可知,杨氏模量就是应力 F/A 与应变 $\Delta L/L$ 之比,以 E 表示,则:

$$E = \frac{F/A}{\Delta L/L} \tag{7-6}$$

3)剪切模量

剪切模量为材料在弹性变形阶段,剪应力和剪应变的比值,其公式为:

$$\mu = \frac{\tau}{\alpha} \tag{7-7}$$

式中,τ 为剪应力;α 为剪应变。

4)体积模量

在外力作用下,物体体积相对变化 $\Delta V/V$,称为体积应变。体积形变弹性模量 K 的定义为应力与应变之比,即:

$$K = -\frac{FV}{A\Delta V} \tag{7-8}$$

体积形变弹性模量的单位为 N/m^2。

5)拉梅系数

拉梅为法国数学家和工程师,该参数以他的名字命名为拉梅系数,用 λ 表示。拉梅系数在弹性力学中没有确切的定义,但是它在体积模量 K 和切变模量 μ 之间具有关联作用,见公式(7-9),其公式表明弹性体积元的膨胀变化也伴随有剪切成分的变化。

$$\lambda = K - \frac{2}{3}\mu \tag{7-9}$$

3.岩石的动态弹性参数

岩石可看作弹性体,故可利用弹性波在介质中传播的规律来研究声波在岩石中的传播特性。弹性波在介质中的传播实质上是质点振动的依次传递。当波的振动方向和质点振动方向一致时叫纵波,纵波传播过程中,介质发生压缩和扩张的体积形变,因而纵波也叫压缩波。当波的传播方向和质点振动方向相互垂直时叫横波,横波传播中介质发生剪切形变,所以横波也叫剪切波。

根据经典弹性波波动理论,对均质和近似均质各向同性线弹性地层,动态弹性参数可以根据岩石纵横波时差和岩石的体积密度计算得到:

杨氏模量
$$E = \frac{9K\rho v_s^2}{3K + \rho v_s^2} \tag{7-10}$$

体积模量
$$K = \rho\left(v_p^2 - \frac{4}{3}v_s^2\right) \tag{7-11}$$

剪切模量
$$\mu = \rho v_s^2 \tag{7-12}$$

泊松比
$$\nu = \frac{1}{2}\frac{[(v_p^2/v_s^2) - 2]}{[(v_p^2/v_s^2) - 1]} \tag{7-13}$$

式中,ρ 为介质密度;v_p 为纵波速度;v_s 为横波速度。

如果以纵、横波时差 Δt_p、Δt_s 代替速度,则上面公式可写成:

杨氏模量
$$E = \frac{\rho}{\Delta t_s^2}\left(\frac{3\Delta t_s^2 - 4\Delta t_p^2}{\Delta t_s^2 - \Delta t_p^2}\right) \times 1.34 \times 10^{10} \tag{7-14}$$

体积模量
$$K = \rho\left(\frac{3\Delta t_s^2 - 4\Delta t_p^2}{3\Delta t_s^2 - \Delta t_p^2}\right) \times 1.34 \times 10^{10} \tag{7-15}$$

剪切模量
$$\mu = \frac{\rho}{\Delta t_s^2} \times 1.34 \times 10^{10} \tag{7-16}$$

泊松比
$$\nu = \frac{1}{2}\left(\frac{\Delta t_s^2 - 2\Delta t_p^2}{\Delta t_s^2 - \Delta t_p^2}\right) \tag{7-17}$$

4. 各弹性参数之间的关系

岩石弹性力学参数测定有静态和动态两种方法,通过对岩样进行静态加载测其变形可得到其静态弹性力学参数,动态参数是通过声波在岩样中的传播速度转换来的。根据地下工程特点,在实际工程中应采用岩石的静态弹性参数。但是,岩石静态弹性参数只能通过从地下取出岩芯,在实验室内进行测试获得,耗时耗财,要获得真实的储层条件下的静态弹性参数就要模拟储层下的温压条件,成本更高,而且往往需要大量岩芯实验数据才能准确描述储层的力学特性。所以在实际工程应用中,一般都采用动态法(测井和地震勘探)来获得储层的力学特性,动态法可获得沿深度连续的、真实储层条件下的弹性参数,克服了静态法的一些缺点。

早在 1933 年,Zisma 就指出岩石动、静态弹性参数之间存在差异。之后,国内外许多研究人员对各种岩性的岩石动态弹性参数(杨氏模量和泊松比)与静态弹性常数之间的关系进行了研究,结果表明岩石动、静态杨氏模量之间具有较好的相关性,动态杨氏模量为静态杨氏模量的 1~10 倍,动、静态泊松比之间的关系不明显。在实际应用中应建立合适的动、静态弹性参数转换模型。

岩石各弹性参数之间可以相互转换,已知其中两个弹性参数可转换另外三个弹性参数,其转换关系见表7-1。

表 7-1 弹性参数间的关系

体积模量 K	杨式模量 E	拉梅系数 λ	泊松比 ν	剪切模量 μ
$\lambda + \dfrac{2}{3}\mu$	$\mu\dfrac{3\lambda+2\mu}{\lambda+\mu}$	—	$\dfrac{\lambda}{2(\lambda+\mu)}$	—
—	$9K\dfrac{K-\lambda}{3K-\lambda}$	—	$\dfrac{\lambda}{3K-\lambda}$	$3(K-\lambda)/2$
—	$\dfrac{9K\mu}{3K+\mu}$	$K-2\mu/3$	$\dfrac{3K-2\mu}{2(3K+\mu)}$	—
$\dfrac{E\mu}{3(3\mu-E)}$	—	$\mu\dfrac{E-2\mu}{3\mu-E}$	$\dfrac{E}{2\mu}-1$	—
—	—	$3K\dfrac{3K-E}{9K-E}$	$\dfrac{3K-E}{6K}$	$\dfrac{3KE}{9K-E}$
$\lambda\dfrac{1+\nu}{3\nu}$	$\lambda\dfrac{(1+\nu)(1-2\nu)}{\nu}$	—	—	$\lambda\dfrac{1+2\nu}{2\nu}$
$\mu\dfrac{2(1+\nu)}{1-2\nu}$	$2\mu(1+\nu)$	$\mu\dfrac{2\nu}{1-2\nu}$	—	—
—	$3K(1-2\nu)$	$3K\dfrac{\nu}{1+\nu}$	—	$3K\dfrac{1-2\nu}{2+2\nu}$
$\dfrac{E}{3(1-2\nu)}$	—	$\dfrac{E\nu}{(1+\nu)(1-2\nu)}$	—	$\dfrac{E}{(2+2\nu)}$

二、岩石单轴压缩实验及三轴压缩实验

根据实验中是否给岩样施加围压,岩石压缩实验又分为单轴压缩实验和三轴压缩实验。在室内压缩实验中,岩样所受围压为零,轴向上进行加载,加载方式有连续加载和循环加载。通过测量轴向应力及轴向和径向的变形,可研究岩石的力学性质。

1. 岩石单轴压缩实验

图7-3给出了典型的岩石单向应力(压缩)下应力—应变曲线。这条曲线给出了大多数岩石的本构关系,是岩石力学研究中非常重要的一条曲线。这条本构曲线大致可以分为五个阶段。

OA段:称为空隙压密阶段,该段曲线在应力—应变曲线上呈向上的弯曲,随着应力的增加,应变增长速度减慢,从微观机制来看,OA段的弯曲是由于天然岩石中存在的许多微裂纹在应力作用下闭合造成的。本阶段裂隙化岩石变形较明显,坚硬无裂隙岩石变形不明

显,甚至不显现。

AB 段:称为弹性变形阶段,在这个阶段,岩石的应力与应变成正比关系。AB 的斜率为该岩石的杨氏模量。

BC 段:称为微裂隙稳定发展阶段,该阶段应力—应变曲线有一次偏离直线,这时岩石的非弹性变形开始明显出现,即出现岩石的膨胀现象。从 B 开始岩石内出现微裂隙的扩展及产生结晶颗粒内或粒间的相对滑移,从而使岩石体积有所增加,这种现象称为扩容。当达到 C 点时,岩石开始有明显的宏观破裂面,在该应力下,岩石会迅速产生破坏。

C 点:称为屈服压力,表示岩石在一定条件下所能承受的最大荷载,它是应力—应变曲线的极大值,对应的峰值压力叫作岩石的强度或破坏应力,一旦岩石受力达到了其强度,岩石就会产生宏观的破坏,因此,应力—应变曲线可以由 C 点分成两部分,C 点以前叫作破坏前区域(也叫峰值应力以前区域),C 点后叫作破坏后区域(也叫作峰值应力以后区域)。

CD 段:它表示岩石已经发生了显著的塑性变形,但岩石尚未完全破裂,仍能承受一定的荷载。在这阶段,岩石中微破裂的发展出现了质的变化,破裂不断发展,直至岩石完全破坏。同时岩石的应力—应变曲线斜率减小,岩石体积膨胀加速,体积变形随应力迅速增大,其中 D 点的应力达最大值,该点的应力值称为峰值强度或单轴抗压强度。

DE 段:称为破裂后阶段。岩块承载力达到峰值强度后,其内部结构遭到破坏,但岩石基本保持整体状。在这个阶段,裂隙快速发展,交叉并相互联合形成宏观断裂面。在这个阶段中,岩石的承载力随变形增大迅速下降,并不降到零,这说明岩石在破裂点 D 之后,并不是完全失去承载力,而是保持较小应力,即为残余强度。

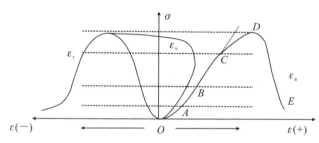

图 7-3 典型岩石应力—应变曲线关系图

2. 岩石三轴压缩实验

与岩石单轴压缩实验相比,岩石三轴压缩实验给岩石样品施加围压,实质就是研究围压对岩石力学特性的影响,见图 7-4。根据应力空间组合方式,可以将岩石三轴应力实验分为两种类型,即常规三轴应力实验和三轴不等应力实验。常规应力组合方式为 $\sigma_1 > \sigma_2 = \sigma_3$,主要研究围压对岩石变形、强度和破坏的影响;三轴不等应力的组合方式为 $\sigma_1 > \sigma_2 > \sigma_3$,主要研究中间应力对岩石变形和强度的影响。对于储层岩石,一般采用常规应力组合测量。

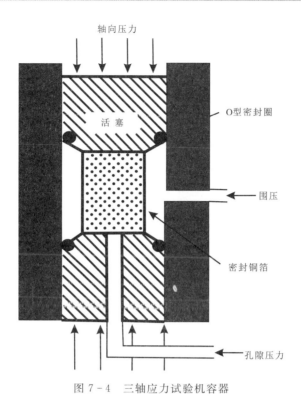

图 7-4 三轴应力试验机容器

第二节 岩石的蠕变

一、岩石典型蠕变曲线

在长时间应力的作用下,特别是在漫长的地质过程中构造应力的作用下,岩石的变形经常是与受力的时间有关的,表现出与时间有关的许多特性。

蠕变是岩石的一种与时间有关的特性:在长时间应力作用下,岩石永久变形不断增长的现象叫作岩石的蠕变。尽管目前科学家已经能够复现出地球内部的高温高压环境,但是他们仍然难以对地球深部岩石的蠕变进行直接的研究,这是因为蠕变的时间太长了,发生蠕变的岩石太大了,无法进行试验模拟。研究岩石蠕变的做法通常是:根据岩石蠕变的机理,提出描述岩石蠕变过程的方程,在实验室中进行精密测量并求出这些过程中关键的参数,再将包含这些参数的方程推广应用于解释岩石的蠕变。

岩石的蠕变行为除了和时间因素有关外,还和温度、差应力等因素有关。岩石的蠕变特性通常用在固定应力下岩石的应变—时间曲线来描述(图 7-5)。

当固定应力施加于岩石之上时,岩石立刻发生弹性变形。然后,随着时间的增加,应变也逐渐增加。应变和时间的关系是图 7-5 中所示的一条向上弯曲的曲线，即在达到 t_1 之前的时间里，岩石的应变尽管不断增加，但是应变增长的速度却在不断地减小。这种变形通常称为瞬态蠕变。瞬态蠕变不是永久变形，在 t_1 时如果去掉外力，弹性应变立刻恢复，而蠕变应变则随时间慢慢恢复，其恢复速率越来越慢（图 7-6b）。从理论上讲，只要时间足够长，瞬态蠕变应该是可以恢复的。

如果加载时间 t 足够长，$t>t_1$，则这时岩石中的应变以稳定速度增长，应变和时间的关系在图 7-6a 上表示为一条直线。在 t_1 到 t_2 时刻之间，蠕变速率为常数的这种蠕变称为稳态蠕变。稳态蠕变阶段岩石的变形是不可恢复的，是一种永久的变形。

如果外加应力足够高，则当加载时间 t 超过某一特征值 t_2 后，岩石的蠕变应变会加速，直至岩石破裂。这种越来越快的蠕变称为第三期蠕变。从实际问题的角度考虑，我们只讨论稳态蠕变问题。

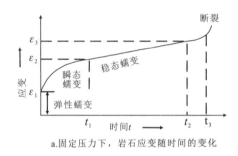
a.固定压力下，岩石应变随时间的变化

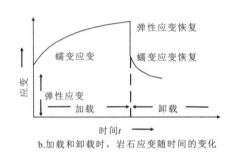
b.加载和卸载时，岩石应变随时间的变化

图 7-5 岩石的蠕变特性

二、岩石蠕变经验关系式

岩石的蠕变特性对于了解地幔对流、板块构造和地球内部的热交换方式都是很重要的。长期以来，对于地壳及上地幔的有代表性的造岩矿物的蠕变特性做了不少研究实验。Griggs 等(1960)把对于时刻 t 的岩石应变 $\varepsilon(t)$ 写成：

$$\varepsilon(t) = A + B \cdot \lg t + Ct \tag{7-18}$$

式中，A 表示加载后立即引起的弹性应变；$B \cdot \lg t$ 为瞬态蠕变；Ct 为稳态蠕变；A、B、C 为常系数。

三、岩石蠕变的主要影响因素

应力：低应力时，应变速度变化缓慢，逐渐趋于稳定。应力增大时，应变速率增大。高应力时，蠕变加速，直至破坏。应力越大，蠕变速率越大，反之越小。

温度和湿度：温度升高使岩石蠕变加速，温度增加有利于蠕变程度增大。

颗粒大小:在低温时,晶粒小的岩石比晶粒大的岩石蠕变程度高,在高温下,晶粒大的岩石蠕变程度高。

第三节 岩石的强度

材料的强度是材料的一种重要特性。在材料科学中,材料的强度定义为材料所能承受的最大应力。因此,强度的单位也就是应力的单位,即 $N \cdot m^2$。材料受力后发生变形,一旦应力达到材料的强度,材料就会发生破坏。材料科学中的破坏指材料丧失了整体性,或者丧失了弹性,发生永久不可能恢复的变形等。工程科学中的破坏指材料所承担的工程功能的丧失(如地下贮气罐的泄漏、工程建筑倒塌等)。至于岩石强度的概念,我们采用材料科学中关于强度的基本定义:岩石的强度是岩石在一定条件下能够承受的最大应力值。

岩石强度反映了地层岩石经历的漫长的地质历史过程,一般可通过单轴抗压强度实验、三轴或围压抗压强度实验来确定。

一、岩石的抗压强度

抗压强度是指岩石抵抗压应力而不被破坏的极限值。测试岩石强度的方法有多种,常见的实验方法有三种(图 7-6):a.单轴抗压实验法;b.三轴抗压实验法;c.点荷载实验法(或劈开实验法)。

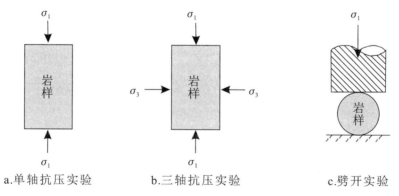

图 7-6 最常见的三种岩石强度实验

1. 单轴抗压实验

单轴抗压强度为岩石试样在无侧压情况下,受轴向压力作用破坏时,其单位横截面积上所承受的压力,图 7-7 为单轴抗压仪。尽管单轴抗压强度不能等同于地下岩石的实际情

况,但仍能反映岩石的强度。其计算公式如下:
$$\sigma_c = C_0 = P_c/A_s \qquad (7-19)$$
式中,σ_c 或 C_0 为岩石的单轴抗压强度,单位为 Pa;P_c 为岩石样品破坏时的轴向荷载,单位为 N;A_s 为岩石样品与承压板的接触面积,单位为 m^2。

实验过程中,岩石的单轴抗压强度主要受到岩石的末端效应、尺寸效应、加载速度、湿度、粒度与机械硬度的影响。

2. 点荷载抗压实验

图 7-7 单轴抗压仪

上述单轴抗压试验,虽然满足抗压强度定义,但制备试样比较费时费工,而且往往制备的样品不是太理想。当近似的强度值能满足一定的应用要求时,可采用点载荷试验法,也就是样品上下端的作用力以点接触,而不是面接触。这样可以省去许多制样麻烦,而且该仪器也可以做成便携式在野外进行测量,如图 7-8 所示。其计算公式如下:

$$\begin{cases} I_s = \dfrac{P}{d^2} \\ d^2 = 4A_f/\pi \\ A_f = D \cdot W_f \end{cases} \qquad (7-20)$$

式中,I_s 为点荷载指数;P 为荷载;d 为等效圆直径;A_f 为破裂面等效面积;D 为荷载之间的距离;W_f 为垂直于荷载点的平均宽度。

通常单轴抗压强度是点荷载指数的 20~25 倍,抗拉强度是点荷载指数的 1.5~3 倍。点荷载指数可直接作为岩石强度分类及岩体风化带的指标,也可以用于评价岩石强度的各向异性程度,预估与之相关的其他强度值(如单轴抗压和抗拉强度等)。

二、岩石的抗张强度

岩石的抗拉强度又可称为抗张强度,指单轴拉力作用下,岩石能承受的最大拉应力。一般来说岩石在拉张力的作用下,抗张强度要比抗压强度小一个数量级。岩石试样在拉伸载荷作用下的破坏,通常是横截面的断裂破坏,岩石的拉伸(张力)试验可分为直接试验和间接试验两类。

图 7-8 点荷载试验仪

1. 直接抗张强度

直接法抗拉实验的岩石样品制作和要求基本上与单轴抗压实验相同。将圆柱形岩石样品的两端用黏合剂使之与压机帽套黏合以传递拉力。设样品的截面积为 A_s,则岩石的抗拉强度可用下式求得:

$$\sigma_t = P_t/A_s \tag{7-21}$$

式中，σ_t 为岩石的抗拉强度，单位为 Pa；P_t 为岩石样品破坏时的最大拉伸荷载，单位为 N。

该方法的缺点是样品制备困难，不易与拉力机固定，末端夹持难度大，影响因素较多，费时费工。直接抗拉实验见图 7-9。

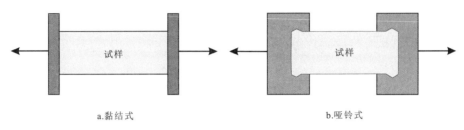

图 7-9　直接抗拉实验示意图

2. 间接抗张强度

间接抗张强度一般用巴西劈裂法、圆周应力法和破裂模量法，其中以巴西劈裂法应用最为广泛。下面简单介绍巴西劈裂法实验。

巴西劈裂法是沿圆柱体试样直径方向上施加相对线性荷载，使试样内部沿径向引起拉张应力而使岩石破裂的试验方法，基本方法见图 7-10 所示。对于大多数工程设计要求来说，近似的巴西劈裂法抗张强度也就可以使用了，且裂开实验比较简单易实现，因此该方法得到普遍使用。

主要实验过程：巴西劈裂法是沿圆柱体试样直径方向加载线性荷载，使试样内部沿径向引起拉应力而被破坏的实验方法。

主要设备：材料压力机，抗拉夹具，卡尺，钢丝垫条（直径 2mm），钻孔机（直径 50mm），切磨石机等。

试样制备：以直径 50mm，高径比 0.5~1.0 的圆柱体岩石作为标准试样。样品应保持试样的天然结构，不允许有人为的损伤、缺角，两端面应垂直于轴线。

试验步骤：取二块以上试样进行岩石特征描述，并检查加工精度。根据试样估计荷载范围，在两个受压端的上下各放置一根钢丝垫条，将装有试样的夹具置于试验机承压板中心，使其均匀受力，以 0.3~0.5MPa/s 的加荷速度至试样被破坏。

岩石抗拉强度 δ_t 的计算公式为：

$$\sigma_t = \frac{2P_{max}}{\pi dt} \tag{7-22}$$

式中，P_{max} 为岩石样品破坏时的最大荷载，单位为 N；d 为岩石样品的直径，单位为 m；t 为岩石样品的厚度，单位为 m。

常见岩石的抗压强度和抗张强度见表 7-2。

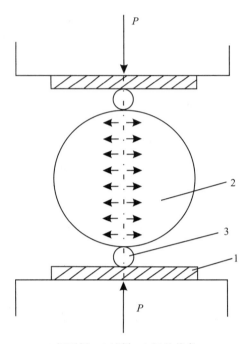

1.钢压板；2.试样；3.钢丝垫条。

图 7-10　巴西劈裂法示意图

表 7-2　部分常见岩石的单轴抗压强度和抗拉强度

岩石名称	抗压强度/MPa	抗拉强度/MPa	岩石名称	抗压强度/MPa	抗拉强度/MPa
花岗岩	100～250	7～25	石灰岩	30～250	5～25
闪长岩	180～300	15～30	白云岩	80～250	15～25
粗玄岩	200～350	15～35	煤	5～50	2～5
辉长岩	180～300	15～30	石英岩	150～300	10～30
玄武岩	150～300	10～30	片麻岩	50～200	5～20
砂岩	20～170	4～25	大理岩	100～250	7～20
页岩	10～100	2～10	板岩	100～200	7～20

三、岩石的抗剪切强度

岩石的抗剪切强度是指在剪切荷载作用下，岩石能够抵抗的最大剪应力，是反映岩石抗剪切破坏能力的重要指标。内聚力 C、内摩擦角 φ 是表征岩石抗剪切强度特性的两个基本参数。

如图 7-11 所示，内摩擦角是指岩石破坏时极限平衡剪切面上的正应力 σ_n 和内摩擦力 F（与剪应力 τ 方向相反）形成的合力 R，与正应力 σ_n 之间的夹角。内摩擦角反映岩石内摩擦力的大小,内摩擦角越大,内摩擦力越大。一般坚硬岩石的内摩擦角比松软岩石大。内聚力宏观上表现为剪切面上无内摩擦力时岩石能够抵抗的最大剪应力。不同岩石的内聚力差别很大。表7-3列出了部分岩石的内聚力和内摩擦角的经验值。

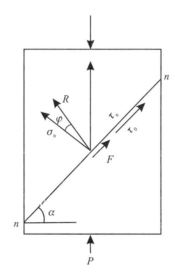

图7-11 岩石破坏面上受力及内聚力、内摩擦角示意图

表7-3 常见岩石的内聚力和内摩擦角

岩石种类	内聚力/MPa	内摩擦角/(°)	岩石种类	内聚力/MPa	内摩擦角/(°)
花岗岩	14~50	45~60	页岩	3~30	5~30
粗玄岩	25~60	55~60	石灰岩	10~50	35~50
玄武岩	20~60	50~55	石英岩	20~60	50~80
砂岩	8~40	35~50	大理岩	15~30	35~50

典型的抗剪强度实验有四种,分别为单面剪切抗剪实验、冲击剪切抗剪实验、双面剪切抗剪实验和扭转剪切抗剪实验,其抗剪实验见图7-12。

其抗剪强度的计算公式分别为:

单面剪切强度 $$R_f = F_c/A \qquad (7-23)$$
冲击剪切强度 $$R_f = F_c/2\pi ra \qquad (7-24)$$
双面剪切强度 $$R_f = F_c/2A \qquad (7-25)$$
扭转剪切强度 $$R_f = 16M_c/\pi D^3 \qquad (7-26)$$

式中,F_c为断裂前的最大应力,单位为MPa;M_c为试件被剪断前的最大扭矩,单位为N·m;A为剪切面积,单位为m^2;D为试件直径,单位为m;r为冲击孔半径,单位为m;a为试验材料厚度,单位为m。

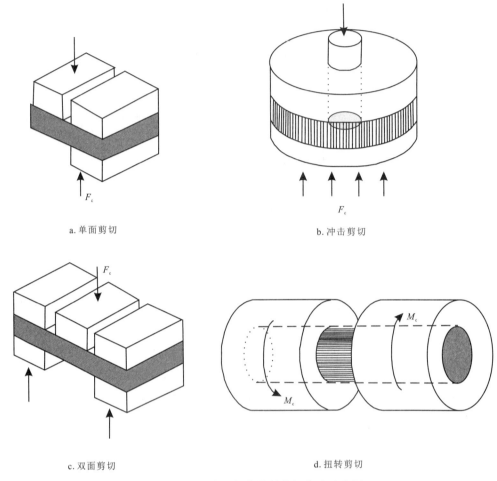

图 7-12　四种电性非限制剪切实验示意图

在没有法向载荷的情况下,岩石的剪切强度就等于内聚力。存在法向载荷时,其剪切强度还包含内摩擦力,法向载荷增大时会使岩石的抗剪切强度增大。

岩石剪切强度同样与岩石的矿物成分及颗粒大小,胶结物种类、结构构造、裂隙发育程度和分布方向等因素有关,例如硅质胶结岩石的强度一般大于泥质胶结岩石。岩石剪切强度平行于层理方向一般小于垂直于层理方向;平行于裂隙方向小于垂直裂隙方向;细粒结构一般大于粗粒结构;平行于软弱结构面方向小于其垂直方向。岩石湿度增加时也会降低其剪切强度,风化岩石的剪切强度低于未风化岩石。

第四节 岩石的破裂性质

储层岩石的破裂对于油藏的开发具有重要意义,对于一些低渗透储层,常需要压裂操作来制造人工裂缝,提高油气产量。

研究岩石破裂有两种方法,第一种方法是企图建立破裂过程的物理模型,这些模型应能代表实际破裂的物理机制,基于这些模型而进行的理论指导,应能有助于理解破裂的物理本质,预言岩石的各种破裂行为,特别是岩石的强度,这叫作物理强度理论的研究方法。第二种方法是通过一些特定条件下的实验结果,找出表达破裂该发生条件的经验关系,然后将这种经验关系推广到更为复杂的应力状态,库仑(Coulomb)和莫尔(Mohr)理论即是这种方法的代表。

所谓破裂准则就是岩石发生破裂的条件。假定当岩石处于$(\sigma_1,\sigma_2,\sigma_3)$的应力状态时发生了破裂,$(\sigma_1,\sigma_2,\sigma_3)$之间存在以下的关系:

$$\sigma_1 = f(\sigma_2,\sigma_3) \tag{7-27}$$

这种关系叫作破裂准则,即为破裂发生的条件。把这时的σ_1称为在σ_2、σ_3给定条件下的岩石强度。

一、库仑—莫尔准则

库仑—莫尔准则是岩石力学中应用最为广泛的强度理论,它认为,当某一面上剪应力超过其所能承受的极限剪应力τ值时,岩石便被破坏。法国物理学家库仑在1781年运用物体滑动时摩擦力和法向应力的比值关系求解平衡问题,得到库仑摩擦定律。岩石破裂的实验结果,可以用与摩擦公式相似的简单关系表示,称为库仑破裂准则。

若岩石内部某平面上的正应力σ和剪应力τ满足条件$\tau = c + \mu\sigma$,则该面将发生破裂,式中c称为岩石的内聚力或聚合强度;μ称为内摩擦系数,工程上常令$\mu = \tan\varphi$,φ称为内摩擦角。图7-13所示为库仑破裂准则的图解,剪应力τ增大到一定程度,岩石破裂;如果正应力σ较大,内摩擦力增大,需要更大的剪应力τ使岩石破裂。

莫尔在1882年引入莫尔圆来显示材料内部的应力状态,莫尔圆能够直观地表现破裂准则,图7-14是极限平衡状态下的莫尔圆。

首先考虑平面问题,如图7-15a所示,在岩体内任取一单元体,设作用在该微小单元体上的两个主应力为σ_1和σ_3($\sigma_1 > \sigma_3$),在微单元体内与最大主应力σ_1作用面成任意角度α的mn平面上有正应力σ和剪应力τ。为了建立σ、τ和σ_1、σ_3之间的关系,取微棱柱体abc为隔离体,如图7-15b所示。

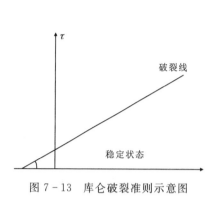
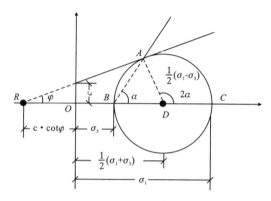

图 7-13 库仑破裂准则示意图　　　图 7-14 极限平衡状态下的莫尔圆

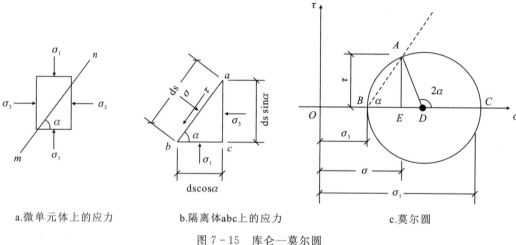

a. 微单元体上的应力　　b. 隔离体abc上的应力　　c. 莫尔圆

图 7-15 库仑—莫尔圆

各个力分别在水平和垂直方向上投影,根据静力平衡条件可得:

$$\begin{cases} \sigma_3 \mathrm{d}s \sin\alpha - \sigma \mathrm{d}s \sin\alpha + \tau \mathrm{d}s \cos\alpha = 0 \\ \sigma_1 \mathrm{d}s \cos\alpha - \sigma \mathrm{d}s \cos\alpha - \tau \mathrm{d}s \sin\alpha = 0 \end{cases} \quad (7-28)$$

以上两方程联立,求得 mn 平面上的应力为:

$$\begin{cases} \sigma = \frac{1}{2}(\sigma_1 + \sigma_3) + \frac{1}{2}(\sigma_1 - \sigma_3)\cos 2\alpha \\ \tau = \frac{1}{2}(\sigma_1 - \sigma_3)\sin 2\alpha \end{cases} \quad (7-29)$$

以上 σ、τ 和 σ_1、σ_3 之间的关系可以用库仑—莫尔圆表示,如图 7-16c 所示。在 $\sigma-\tau$ 直角坐标系中,按一定的比例,沿 σ 轴截取 OB 和 OC 分别表示 σ_3 和 σ_1,以 D 为圆心,$(\sigma_1-\sigma_3)$ 为直径做圆,从 DC 开始逆时针旋转 2α 角,得到 DA 线,其与圆周交于 A 点。从式(7-29)可知,图中 A 点的横坐标就是 mn 平面上的正应力 σ,纵坐标就是剪应力 τ。因此,库仑—莫尔圆可以表示岩石中一点的应力状态,圆周上各点的坐标就是该点在相应平面上的正应力和剪应力。这样,莫尔圆既可给出破裂发生时剪应力 τ 与正应力 σ 的具体数值,又可以表现出破裂发生的方向。

莫尔于 1900 年提出,当一个面上的剪应力 τ 与正应力 σ 之间满足某种函数关系数,即:

$$|\tau| = f(\sigma) \tag{7-30}$$

岩石沿该面会发生破裂,这就是库仑—莫尔破裂准则,其中函数 f 的形式与岩石种类有关。

库仑—莫尔强度理论是目前岩土力学中用得最多的理论。它实际上是一种剪应力强度理论,既适合于塑性岩石,又适合于脆性岩石的剪切破坏。其缺点是只考虑了最大和最小应力而忽略了中间应力,只适用于剪破坏,不适用于拉破坏、膨胀和流动破坏。

二、格里菲斯理论

库仑—莫尔强度理论将材料看作完整而连续的均匀介质,可实际上任何材料内部都会存在许多细微裂缝或裂隙,在应力作用下,这些裂隙周围(尤其在裂隙端部)将产生较大的应力集中,有时由于集中在局部产生的应力可以达到所加应力的 100 倍,故材料破坏主要取决于内部裂隙周围应力状态,材料的破坏往往从裂隙端部开始,并通过裂隙扩展而导致完全破坏。格里菲斯在 1921 年提出了裂纹理论,该理论大约在 20 世纪 70 年代末引入岩石力学研究领域。该理论非常适用于脆性岩石的拉伸破坏情况。

格里菲斯假设材料内部存在着众多互不影响的裂纹,裂纹形状可视为扁平椭圆,忽略中间主应力对破坏的影响(图 7-16)。

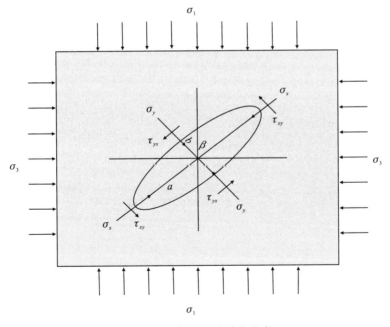

图 7-16 椭圆裂纹受力状态

按各向同性材料的平面应变模型计算裂纹周围的应力分布,得出格里菲斯脆性断裂破坏准则,公式如下:

$$\sigma_1 + 3\sigma_3 > 0 \text{ 时}, \begin{cases} (\sigma_1 - \sigma_3)2 - 8R_t(\sigma_1 + \sigma_3) = 0 \\ \beta = \frac{1}{2}\arccos\frac{\sigma_1 - \sigma_3}{2(\sigma_1 + \sigma_3)} \end{cases} \quad (7-31)$$

$$\sigma_1 + 3\sigma_3 \leqslant 0 \text{ 时}, \begin{cases} \sigma_3 = -R_t \\ \beta = 0 \end{cases} \quad (7-32)$$

式中,R_t 为抗张强度;β 为危险裂隙方位角(裂纹长轴与最大主应力的夹角)。

格里菲斯强度曲线如图 7-17 所示,如果应力点 (σ_1, σ_3) 落在强度曲线上或曲线左边,则岩石发生破坏,否则不发生破坏。

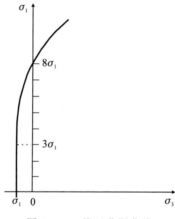

图 7-17 格里菲斯曲线

第八章　岩石中地震波的传播和衰减

第一节　地震波

弹性波是在弹性介质中传播的波,地震波是在岩层这种特殊介质中传播的弹性波。岩石是由骨架(固体相)、流体(油、气、水)共同构成的多相混合物质,由于其组成矿物、流体性质的差异,以及结构、构造的复杂性,弹性波在岩石中传播时其速度、吸收、衰减、频率特性都变得极为复杂。本章介绍弹性波的相关基础知识,包括弹性波的速度特性、衰减机制、实验室测定方法、常见等效介质岩石物理模型,以及弹性波的一般应用。

一、岩石中波的类型及特征

质点振动及能量通过质点间相互作用在介质中传递,形成弹性波波动。弹性波的类型多且复杂,在弹性介质内部传播,且未受到介质边界影响的弹性波,称为体波,包括纵波和横波。纵波是质点振动方向与传播方向一致的波,又称为压(胀)缩波(Compressional wave);在所有地震波中,纵波具有最快的传播速度,在地震发生后,纵波最早抵达测站并被地震仪记录下来,因此纵波又称为首波(Primary wave,简称 P 波)。横波是质点振动方向与波传播方向垂直的波,又称为剪切波(Shear wave),由于横波速度比纵波慢,在地震发生后,横波第二个抵达测站并被记录,因此横波又称为次波或第二波(Secondary wave,简称为 S 波)。横波按质点振动方向不同又分为 SH 波和 SV 波,质点在水平方向振动的横波叫作 SH(H 指 Horizon)波,质点在垂直方向振动的横波叫作 SV(V 指 Vertical)波。

沿着一种弹性介质表面或两种不同弹性介质的界面上传播的波,称为界面波;如果与弹性介质相邻的介质为空气或真空,则界面波又称为表面波(常简称为面波)。常见的界面波有瑞雷(Rayleigh)波和拉夫(Love)波,其中瑞雷波的质点振动轨迹为与波传播方向相逆的椭圆(逆进椭圆),拉夫波的质点振动方向垂直于波传播方向。图 8-1 显示了上述几种波的波传播方向与质点振动方向的差别。

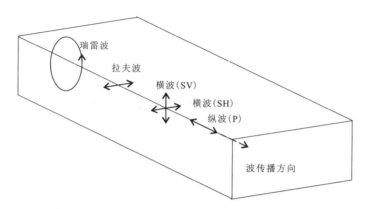

图8-1 几种波的波传播方向与质点振动方向对比图
注:图中虚线箭头指波的传播方向,实线箭头指质点振动方向。

二、波动方程与波的速度

从应力—应变角度推导的描述波在介质中传播规律的方程称为波的运动方程,简称为波动方程,体波的波动方程如式(8-1)所示。

$$\begin{cases} \rho \dfrac{\partial^2 \boldsymbol{u}_x}{\partial t^2} = (\lambda + \mu)\dfrac{\partial \boldsymbol{\theta}}{\partial x} + \mu \nabla^2 \boldsymbol{u}_x + \rho \boldsymbol{X} \\ \rho \dfrac{\partial^2 \boldsymbol{u}_y}{\partial t^2} = (\lambda + \mu)\dfrac{\partial \boldsymbol{\theta}}{\partial y} + \mu \nabla^2 \boldsymbol{u}_y + \rho \boldsymbol{Y} \\ \rho \dfrac{\partial^2 \boldsymbol{u}_z}{\partial t^2} = (\lambda + \mu)\dfrac{\partial \boldsymbol{\theta}}{\partial z} + \mu \nabla^2 \boldsymbol{u}_z + \rho \boldsymbol{Z} \end{cases} \quad (8-1)$$

式中,u_x、u_y、u_z 为位移 u 在 x、y、z 三个方向的三个分量;X、Y、Z 为体力 F 的三个分量;ρ 为介质密度;λ 为拉梅常数;μ 为剪切模量;t 为时间;∇^2 为拉普拉斯算符;θ 为体变系数。

拉普拉斯算符
$$\nabla^2 = \dfrac{\partial^2}{\partial x^2} + \dfrac{\partial^2}{\partial y^2} + \dfrac{\partial^2}{\partial z^2} \quad (8-2)$$

体变系数
$$\boldsymbol{\theta} = \dfrac{\partial \boldsymbol{u}_x}{\partial x} + \dfrac{\partial \boldsymbol{u}_y}{\partial y} + \dfrac{\partial \boldsymbol{u}_z}{\partial z} \quad (8-3)$$

考虑纵波和横波的特点,由式(8-1)可以分别导出纵波速度 v_P 和横波速度 v_S 的表达式,如式(8-4)和式(8-5)所示,其物理意义为波动在介质中传播的快慢程度。

$$v_P = \sqrt{\dfrac{\lambda + 2\mu}{\rho}} \quad (8-4)$$

$$v_S = \sqrt{\dfrac{\mu}{\rho}} \quad (8-5)$$

由式(8-5)可知,横波不能在流体(液体和气体)中传播,这是由于流体中 $\mu = 0$ 所致(流体不会产生剪切形变)。杨氏模量、泊松比和纵波速度之间的关系如式(8-6)所示。表8-1为油气工业中常见矿物的纵波速度和横波速度,不同矿物的纵波和横波速度差别较大,从而影响岩石速度。

$$V_P = \sqrt{\frac{E}{\rho}\frac{(1-\nu)}{(1+\nu)(1-2\nu)}} \qquad (8-6)$$

式中，E 为杨氏模量；ν 为泊松比；ρ 为密度。

表 8-1 为油气工业中常见矿物的纵波速度和横波速度。

表 8-1 部分矿物的纵波、横波速度　　　　　　　　　　　单位：km/s

介质	纵波速度	横波速度	介质	纵波速度	横波速度
镁橄榄石	8.54	5.04	磁铁矿	7.38	4.19
橄榄石	8.45	4.91	褐铁矿	5.36	2.97
铁铝榴石	8.51	4.77	黄铁矿	8.1	5.18
锆石	3.18	2.08	磁黄铁矿	4.69	2.76
绿帘石	7.43	4.24	闪锌矿	5.38	2.81
锌电气石	8.21	5.08	重晶石	4.37	2.3
透辉石	7.7	4.39	天青石	5.28	2.33
辉石	7.22	4.18	硬石膏	5.64	3.13
白云母	6.46	3.84	方解石	6.64	3.44
金云母	6.33	3.79	菱铁矿	6.96	3.59
黑云母	6.17	3.73	白云石	7.34	3.96
高岭石	1.44	0.93	文石	5.75	3.64
墨西哥黏土	3.81	1.88	钠硝石	6.11	3.53
混合黏土	3.4	1.6	羟基磷灰石	7.15	4.34
伊利石	4.32	2.54	氟磷灰石	6.8	3.81
条纹长石	5.55	3.05	萤石	6.68	3.62
斜长石	6.46	3.12	岩盐	4.55	2.63
长石	4.68	2.39	钾盐	3.88	2.18
石英	6.05	4.09	赤铁矿	6.58	3.51
刚玉	10.84	6.37	尖晶石	9.93	5.65
金红石	9.21	5.04			

资料来源：Mavko 等，1998。

对于大多数岩石，ν 近似为 0.25（等于 0.25 时则介质称为泊松体），即 $\frac{(1-\nu)}{(1+\nu)(1-2\nu)} = 1$，所以式（8-6）近似为：

$$v_P = \sqrt{\frac{E}{\rho}} \qquad (8-7)$$

野外地震勘探信号频率一般为十几到几十 Hz 或者上百 Hz，测井数据频率单位一般为 kHz，实验室测量采用的主要是超声波，其频率单位一般为 MHz。地下岩层是黏弹性介质，地震波在这类岩层中传播时会发生衰减和速度散射。衰减改变地震信号的振幅谱，速度散射则改变信号的相位谱。在不同频带内的速度散射规模是不同的，在测井频带内速度散射规模最大，低频带（地震）和超高频带（超声波）的散射规模较小。

三、地震波在介质交界面上的反射和透射

地震波在介质中的传播可以利用波阻抗、反射系数、透射系数来描述。弹性介质的波阻抗 I 是介质的密度 ρ 与波在其中的传播速度 v 的乘积，即：

$$I = \rho v \tag{8-8}$$

各向同性介质条件下，平面波非垂直入射到达波阻抗界面上会产生反射纵、横波和透射纵、横波。由于波的性质发生了转换，所以反射横波和透射横波称为转换波。假设反射纵、横波的反射角分别为 i_1 和 j_1，透射纵、横波的透射角分别为 i_2 和 j_2，则下行 P 波的反射和透射路径如图 8-2 所示。

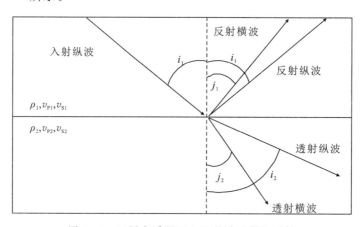

图 8-2　双层介质界面上 P 的波反射和透射

根据在介质分界面上的法向、切向上位移和应力的连续性原理，可以得到四个方程；将入射波、两个反射波和两个透射波的波函数代入，并用虎克定律，经过推导后得到著名的佐布利兹方程组：

$$\begin{bmatrix} \sin i_1 & \cos j_1 & -\sin i_2 & \cos j_2 \\ \cos i_1 & -\sin j_1 & \cos i_2 & \sin j_2 \\ \sin 2i_1 & \dfrac{v_{P1}}{v_{S1}}\cos 2j_1 & \dfrac{\rho_2}{\rho_1}\dfrac{v_{S2}^2}{v_{S1}^2}\dfrac{v_{P1}}{v_{P2}}\sin 2i_2 & -\dfrac{\rho_2}{\rho_1}\dfrac{v_{P1}}{v_{S1}}\cos 2j_2 \\ -\cos 2j_1 & \dfrac{v_{S1}}{v_{P1}}\sin 2j_1 & \dfrac{\rho_2}{\rho_1}\dfrac{v_{P2}}{v_{P1}}\cos 2j_2 & \dfrac{\rho_2}{\rho_1}\dfrac{v_{S2}}{v_{P1}}\sin 2j_2 \end{bmatrix} \begin{bmatrix} R_{PP} \\ R_{PS} \\ T_{PP} \\ T_{PS} \end{bmatrix} = \begin{bmatrix} -\sin i_1 \\ \cos i_1 \\ \sin 2i_1 \\ -\cos 2j_1 \end{bmatrix}$$

$$\tag{8-9}$$

式中，R_{PP} 为纵波反射系数；R_{PS} 为横波反射系数；T_{PP} 为纵波透射系数；T_{PS} 为横波透射系数；v_{P1}、v_{S1}、ρ_1 和 v_{P2}、v_{S2}、ρ_2 分别为分界面两侧纵、横波速度及介质密度。

波在介质中传播的运动学特征服从几何光学的斯奈尔定律：

$$P = \frac{\sin i_1}{v_{P1}} = \frac{\sin i_2}{v_{P2}} = \frac{\sin j_1}{v_{S1}} = \frac{\sin j_2}{v_{S2}} \qquad (8-10)$$

式(8-10)反映了弹性分界面上入射波、反射波和透射波之间的关系。对于纵波而言，上式还说明入射角等于反射角，而透射角则取决于上下介质的速度比值。参量 P 称为射线参数，它取决于波的入射角度。

当入射角已知时，就可以根据式(8-9)和式(8-10)计算平面波反射和透射系数。Aki 等(1980)给出了满足上述方程组的反、透射系数的数学解析解：

$$R_{PP} = \left[\left(b \frac{\cos i_1}{v_{P1}} - c \frac{\cos i_2}{v_{P2}} \right) F - \left(a + d \frac{\cos i_1}{v_{P1}} \frac{\cos j_2}{v_{S2}} \right) H P^2 \right] / D \qquad (8-11a)$$

$$R_{PS} = -2 \frac{v_{P1}}{v_{S1}} \frac{\cos i_1}{v_{P1}} \left(ab + cd \frac{\cos i_2}{v_{P2}} \frac{\cos j_2}{v_{S2}} \right) P / D \qquad (8-11b)$$

$$T_{PP} = 2\rho_1 \frac{v_{P1}}{v_{P2}} \frac{\cos i_1}{v_{P1}} F / D \qquad (8-11c)$$

$$T_{PS} = 2\rho_1 \frac{v_{P1}}{v_{S2}} \frac{\cos i_1}{v_{P1}} H P / D \qquad (8-11d)$$

其中：$a = \rho_2 (1 - 2 v_{S2}^2 P^2) - \rho_1 (1 - 2 v_{S1}^2 P^2)$，$b = \rho_2 (1 - 2 v_{S2}^2 P^2) + 2 \rho_1 v_{S1}^2 P^2$，$c = \rho_1 (1 - 2 v_{S1}^2 P^2) + 2 \rho_2 v_{S2}^2 P^2$，$d = 2 (\rho_2 v_{S2}^2 - \rho_1 v_{S1}^2)$，$E = b \frac{\cos i_1}{v_{S1}} + c \frac{\cos i_2}{v_{S2}}$，$F = b \frac{\cos j_1}{v_{S1}} + c \frac{\cos j_2}{v_{S2}}$，$G = a - d \frac{\cos i_1}{v_{P1}} \frac{\cos j_2}{v_{S2}}$，$H = a - d \frac{\cos i_2}{v_{P2}} \frac{\cos j_1}{v_{S1}}$，$D = EF + GHP^2$。

特别地，当地震波垂直入射时，$i_1 = i_2 = j_1 = j_2$，则有：

$$\begin{cases} R_{PP} = \dfrac{\rho_2 v_{P2} - \rho_1 v_{P1}}{\rho_2 v_{P2} + \rho_1 v_{S1}} \\ R_{PS} = 0 \\ T_{PP} = \dfrac{2 \rho_1 v_{P1}}{\rho_2 v_{P2} + \rho_1 v_{P1}} \\ T_{PS} = 0 \end{cases} \qquad (8-12)$$

式(8-12)说明平面纵波垂向入射时不产生转换波，只产生反射纵波和透射纵波，且反射纵波的反射系数仅由两种介质的纵波阻抗差来决定。由于上下界面的波阻抗差有正有负，所以反射纵波的相位不一定与入射波相同；而透射系数总是正值，因此其相位与入射波总是一致的。当上下界面波阻抗差为正时，透射系数大于1；反之，则小于1。反射系数和透射系数之和永远等于常数1。

四、岩石波速的测量

在地球物理学与地震勘查研究过程中,岩石波速的测量方法包括室内超声波测量、岩石原位测量、声波速度测井测量等直接测量方法,以及地震勘探中的走时测量、地震反演等间接方法。实验室测量的对象一般为岩芯或块体较小的岩样,原位测量一般为块体较大的原位岩石,而地震勘探测量对象范围一般为地下不可见的一个到几个地层或者岩体。同种岩石由于测量方式的不同,测量得到的结果也有所不同。

1. 实验室测量

超声实验室的波速测量指脉冲传输法,是利用超声波在样品中的传输来测量介质的速度和衰减。其基本思路是拾取脉冲波在样品中传播的时间,用样品长度除以时间以得到速度;分析记录的脉冲波形振幅频率变化以确定样品的衰减参数。脉冲传输法有透射法和反射法两种。

(1)透射法:利用透射波测量波的速度。基本原理如图8-3所示,在一块被测样品的两端分别放置一个超声源和一个接收器,测试声波从超声源出发到接收的传播时间和所经过的距离。由式(8-13)计算岩石的波速。

$$v = L/t, t = t_1 - t_0 \tag{8-13}$$

式中,t_1 为实际测试到的时间;t_0 为波在测试系统中的传播时间,也称对零时间;L 为样品长度;v 为岩石波速。

(2)反射法:利用反射波测量波的速度。基本原理如图8-4所示,用同一个超声换能器件(必须是可逆的,既可以发射也可以接收超声波)放在测试样品的一端,测试声波从超声源到样品的另一端后反射到接收器的时间,此时间是经过样品两倍路程的时间,所以速度为:

$$v = 2L/t, t = t_1 - t_0 \tag{8-14}$$

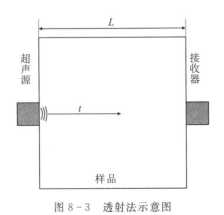

图8-3 透射法示意图

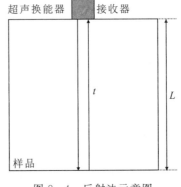

图8-4 反射法示意图

测试系统一般由脉冲发生器、超声换能器、示波器和电脑组成,通过电缆线连接,如

图 8-5 所示。测量流程简述如下:由脉冲发生器产生一个高电压脉冲信号输给换能器,换能器就产生一个超声频率的振动(纵振动或剪切振动),此振动传递到被测样品内产生能量传播,到样品另一端面被另一个换能器接收,接收换能器把振动转换为电信号输出给接收器(放大器或示波器)接收。同时,脉冲发生器还产生一个同步触发信号给接收器(示波器),使两者同步工作,并使接收器正确获知发射信号的起始时间。信号接收器(示波器)与电脑相连,通过模数转换把模拟的振动电信号转换为数字信号由电脑存储。经样品传播过的声波时间和振幅可由示波器测出。图 8-6 为上述系统测量得到的速度振幅与时间图,由图可见,纵波速度高,因此先被换能器接收到,横波速度慢,后被换能器接收到,读取波至时间,即可由式(8-13)或式(8-14)计算岩石的波速。

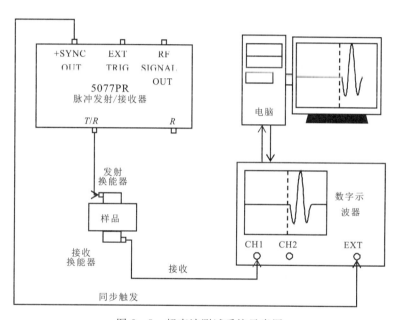

图 8-5 超声波测试系统示意图

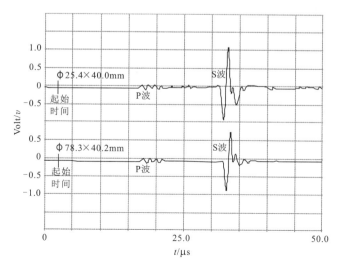

图 8-6 超声波测试结果图

2. 原位测量

岩石波速原位测量的基本思路与实验室测量方法一致,即测量岩石长度及波在岩石中的走时以计算速度。根据震源和接收器的位置布置分为两种方式,即平测法和对测法(图8-7)。平测法是将激发震源和接收换能器布置在岩石同一表面,测得震源与接收点的距离和地震波的走时,进而求出岩石波速。对测法是将震源和接收器分布在岩石的两个相对的面上进行测量,测量两点的距离和走时来计算岩石的速度。震源有炸药、锤击、电火花和超声震源等,不同的震源所产生波的频率范围不同。

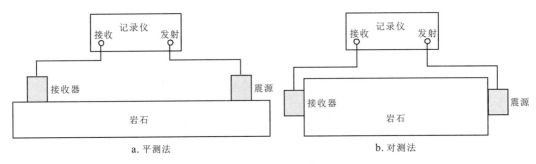

图8-7 原位测量方法

3. 声波速度测井

声波速度测井是将速度测量仪器(震源和接收仪器组成)通过绳索放入钻孔,测量井壁岩层的声波传播速度(实际中记录的是声波时差值),研究井壁地层的岩性、物性,估算地层孔隙度的一种测井方法。它是三种主要常规孔隙度测井方法之一,也是常规波速测井的主要方法之一。声波速度测井所记录的地层声速,一般是指地层纵波速度(或纵波时差)。通常使用的声波速度测井仪包括一个声波发生器(T)和两个接收器(R_1、R_2)。记录的参数是声波到达两个接收器的时间差(Δt),即声波在两个接收器之间岩层中传播所需要的时间。声波在岩层中传播的速度,由岩石的弹性、密度以及孔隙中流体的性质等决定。声波速度测井,可用来划分岩性、确定油气储层的孔隙度和划分气层,还可提供地震勘探必需的标定及约束速度资料。

4. 地震勘探

地震勘探可以间接地测量一条二维线或者三维体的地质单元的纵波速度。其基本过程是,在地表以人工方法激发地震波,地震波在地下传播遇到介质性质不同的岩层分界面时发生反射与折射,在地表或井中用检波器接收这种地震波。收到的地震波信号与震源特性、检波点的位置、地震波经过的地下岩层的性质和结构有关。通过对地震波记录进行处理和解释,可以推断地下岩层的性质和形态。地震勘探的深度一般从数十米到数十千米,在分层的详细程度和勘查的精度上,都优于其他地球物理勘探方法。地震勘探的难题是分辨率的提高,高分辨率有助于对地下精细构造的研究。地震勘探是钻探前勘测石油、天然气资源、固体资源的重要手段,在煤田和工程地质勘查、区域地质研究和地壳研究等方面,也得到了广泛应用。

第二节 地震波速度的影响因素

由于岩石是矿物、孔隙流体按照一定方式组合而成的,且处于一定环境中的混合物(图8-8),所以影响岩石速度的因素可分为三大类:岩石自身的性质,孔隙中所含流体的性质,以及岩石形成时和所处的环境。这三大类又可细分为很多种影响因素,表8-2列出了影响岩石地震波速度的一些因素,这些因素并不都是独立的,而是非常复杂、互相影响的。随着岩石物理研究的深入,对这些因素的了解越来越深入,主要体现在理论和试验研究两个方面。实验方法

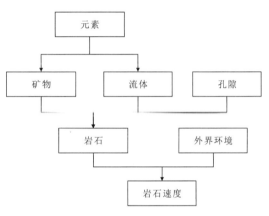

图8-8 影响岩石速度主要因素概要图

是在实验室测量研究不同因素对岩石速度的影响,而理论方法是通过波动方程推导不同因素与岩石速度之间的关系。由于岩石极为复杂,用数学公式描述流体饱和岩石是非常困难的,因此,岩石物理理论的局限性较强。

表8-2 影响岩石速度的主要因素

岩石自身特性	饱和流体特性	所处环境
岩性	流体类型	深度
密度	饱和度	压力史
孔隙度	黏度	温度
孔隙形状	湿度	沉积环境
分选	相态	成岩历史
压实程度	密度	构造运动史
各向异性	……	……
黏结度		
……		

一、压力、温度与地震波速度

地震波速度随上覆岩层压力的增加而变大,这种变化的梯度随压力的增加而有所不同:在上覆岩层压力低的地方,随压力增大速度变化梯度大;在上覆岩层压力高的地方,随压力增大速度变化梯度小。图8-9为砂岩中纵波速度 v_P 与上覆岩层压力的关系曲线,上覆岩层压力从1650psi(psi=6.895kPa)增加至2650psi,引起 v_P 5.2%的变化;而当上覆岩层压力从4500psi增至5500psi时仅导致 v_P 0.5%的变化。

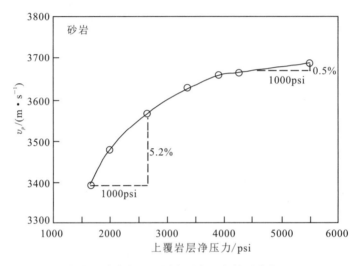

图8-9 砂岩中纵波速度—上覆岩层净压力关系曲线(Lo et al.,1986)

一般而言,温度主要通过对岩石孔隙流体发生影响以影响岩石速度,但在部分情况下(比如重油)温度也会对固体速度产生较大影响。当温度升高时,气饱和或水饱和岩石的地震波速度稍有降低(Wang et al.,1992)。然而,当岩石为原油饱和时,地震波速度可以随着温度的增加而大幅度地降低,尤其是在含重油的未固结砂岩中。油气饱和岩石速度对温度的这种依赖关系,为重油热采效率的地震监测提供了物理基础。图8-10中分别给出了重油砂岩的 v_P 和 v_S 随温度变化的曲线。实验中 v_P 和 v_S 是随温度变化从室温22℃到177℃来测定的。在图中,随着温度从22℃增至177℃, v_P 和 v_S 降低了约15%。因为 v_S 理论上不受流体的影响, v_S 降低是岩石骨架变化和岩石流体相互作用的结果:黏稠的重油和岩石颗粒之间存在一种很强的界面力,当温度增加时,原油的黏滞性和界面力减小,砂岩颗粒松开致使体积模量和剪切模量降低。

当水转变为蒸汽(图8-10中上部两条曲线),温度在120℃至177℃之间的低孔隙压力(50psi和100psi)情况下,速度的降低规律与其他曲线明显不同:纵波速度降低幅度额外增加了约10%,而横波速度由于水变蒸汽大约增高了5%。纵波速度降低幅度的额外增加是因为蒸汽比热水可压缩率高,横波速度增高是由于蒸汽体积膨胀置换了孔隙空间外的液体而使体积密度降低。

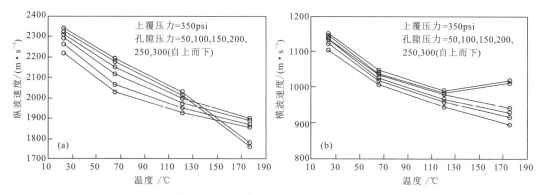

图 8-10　重油砂岩纵波速度和横波速度随温度变化曲线(Wang et al.,1992)

二、孔隙度、孔隙形状与地震波速度

试验和理论计算均表明岩石的速度、弹性模量和密度随孔隙度的增大而减小,这是由于流体的弹性模量、密度小于固体矿物的原因。Kuster 等(1974)推导了描述孔隙形状影响岩石速度及弹性模量的理论公式,将孔隙等效为椭球体,使用椭球体的短轴与长轴之比(纵横比)描述孔隙形状。球形孔隙的纵横比是 1,硬币形孔隙的纵横比为 0.1 或更小。由于扁平孔隙的压缩率要比球形孔隙的压缩率大,因此具有扁平孔隙的岩石具有更低的地震波速度。图 8-11 是 Xu 等(2009)构建的一种碳酸盐岩孔隙结构与速度关系图,他们将碳酸盐岩中的孔隙分为粒间孔、裂缝及刚性孔,其孔隙纵横比分别为 0.15、0.02、0.8。由图 8-11 可以看出,对于给定孔隙度,刚性孔的纵波速度大,而裂缝型孔隙速度小,即随着孔隙纵横比的增大,孔隙的刚性增强,速度也增大,且变化幅度相当大,如当孔隙度为 15% 时,最大的速度差

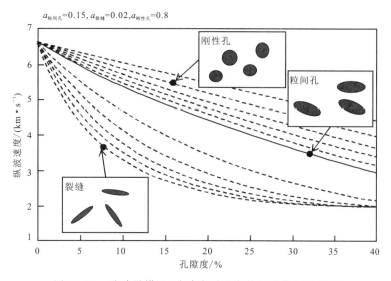

图 8-11　孔隙纵横比、孔隙度对速度的影响作用示意图

达到了约 3000m/s。Kumar(2005)测量了不同地区的 59 个碳酸盐岩岩芯样本,把碳酸盐岩孔隙的形状分为颗粒间孔隙、溶滤化石孔隙、结晶颗粒中的孔隙、孔洞、钙质泥岩中的微孔和裂隙。实验结果也证实,由于具有较大的刚度,孔洞对岩石速度的影响小;微孔和裂隙等扁状孔隙导致明显的速度降低、耗散及衰减。

三、饱和度与地震波速度

孔隙流体对速度的影响主要受流体的可压缩性、密度、流体—胶结物之间耦合关系、流体—岩石基质之间的化学反应、岩石基质及孔隙形状综合作用所控制。横波不能在流体中传播,横波速度受孔隙流体的影响比纵波小得多(Wang,2000)。油、气、水的速度和密度间的差异,导致流体饱和度对地震波速度具有一定的影响,与水饱和状态相比,孔隙中含少量气会使岩石速度大幅度降低,当岩石孔隙中含 5%~10% 气后,含气饱和度的进一步增高对岩石速度的影响则比较小。

四、黏土含量与地震波速度

砂岩中经常含有一定量的黏土,它对岩石速度的影响取决于黏土微粒的类型和其在岩石中的位置。如果黏土是岩石基质的一部分,由于黏土比石英的可压缩性大,那么速度将随着黏土含量的增加而减小。如果黏土是孔隙填充物,则其起到降低岩石的渗透性和孔隙度的作用,当含有水分时黏土将会膨胀,导致岩层变形,使得岩石速度降低。Diaz(2003)研究认为当玻璃介质之间增加水饱和黏土层后,地震波速明显降低,并且 S 波的降低速率比 P 波更大。然而当黏土层变干以后,它起的作用等同于胶结物,使得岩石速度增加。

五、岩石密度与地震波速度

一般来说,致密岩石比密度较小的岩石速度要高。对于浅层湿的未固结岩石,流体密度的变化常是影响反射系数的主要因素,流体密度增加,岩石速度也增加;对于固结良好的岩石,孔隙度的变化对岩石速度的影响更大。Gardner(1974)给出了水饱和沉积岩石的体积密度和纵波速度之间的关系,如式(8-15)所示。

$$\rho = a v_P^b \tag{8-15}$$

式中,ρ 为密度;v_P 为岩石速度;a、b 为常数,经典的 Gardner 公式中 $a=0.31, b=0.25$。其后众多学者根据不同的岩石进行标定获得适合于不同研究区域的公式。

六、地质年代和深度对地震波速度的影响

地质年代本身不影响岩石的速度,但是所有其他影响岩石速度的因素都随时间变化,例

如地层变老，一般岩石的胶结程度增加、孔隙度减小、压实增加，这就导致岩石速度增高。在900m深度内，随着微裂缝逐渐闭合，岩石的速度随深度迅速增加。随深度的进一步增加，岩石速度的增加变得缓慢，最后达到接近零孔隙度的岩石的速度。对于未固结岩石，速度随深度线性增加。地质年代和深度影响岩石速度的主要原因是年代越老、埋深越深的岩石（曾）受到的压力越大，导致岩石孔隙度降低，颗粒更紧密，速度越高。

七、基质结构对地震波速度的影响

地震波速度也受岩石的基质结构影响，如颗粒—颗粒接触关系、圆度、分选程度、胶结程度等，颗粒—颗粒接触关系差通常导致较低的地震波速度，而胶结程度的增强则使岩石速度增大。由于颗粒之间的接触区域大，所以大颗粒的砂层比细颗粒砂层呈现更高的地震波速度。分选性差的砂层呈现较高的地震波速度，因为分选性差降低了孔隙度。砂粒的圆度也会影响地震波速度：圆滑的颗粒导致更好的颗粒接触关系，从而具有更高的地震波速度。

八、岩性对地震波速度的影响

大多数岩浆岩和变质岩只有很少或几乎没有孔隙，因此其地震波速度主要取决于构造这些岩石的矿物本身的弹性性质。一般来说，岩浆岩地震波速度的变化范围比变质岩和沉积岩的小，岩浆岩地震波速度平均值比其他类型岩石高。大多数变质岩的地震波速度变化范围较大。沉积岩由于结构较为复杂，在颗粒之间存在孔隙，这些孔隙中可能充填了液体或类似黏土的软的固体物质。这类岩石的地震波速度密切依赖于孔隙度和孔隙中的物质。部分岩石及组分的地震波速度变化范围见表8-3。

表8-3 各类岩石中地震波速度的变化范围

类型	速度/(m·s^{-1})	类型	速度/(m·s^{-1})
花岗岩	4500～6500	玄武岩	4500～8000
变质岩	3500～6500	致密砂岩	1800～4000
疏松砂岩	1500～2500	石灰岩	2500～6300
白云岩	3500～7200	泥灰岩	2000～3500
黏土	1200～2500	石膏、无水石膏	3500～4500
湿砂	600～800	砂质黏土	300～900
砾岩、碎石、干砂	200～800	泥质页岩	2700～4100
冰	3100～3600	盐岩	4200～5500

第三节　岩石的速度各向异性

在地球物理勘探的研究中,常常假设弹性介质是各向同性的。然而地层和岩石在形成演化过程中受诸多因素的影响,使得岩石速度常表现出各向异性的特征,主要表现为:假设介质均质的条件下,地震波速度随传播方向发生变化,不同类型的波之间产生耦合,横波发生分裂(即双折射现象),面波速度频散依赖于传播方向等。造成岩石各向异性的主要原因有三个:岩石中颗粒的定向排列导致的各向异性;沉积地层形成过程中受重力、定向压力等的作用使得地层呈层状分布(如页岩)所引起的各向异性;由于压力、构造活动等引起岩层发育裂缝引起的裂缝各向异性。

一、各向异性现象的成因

在页岩中普遍存在由于干酪根以及黏土矿物等定向排列引起的各向异性,在宏观上这种微观颗粒的定向排列表现为层状介质。页岩固体相通常由几种成分构成,形成复杂的各向异性的微构造,不同成分(主要是黏土矿物)的形状、排列方位及连通方式控制了页岩的各向异性性质。图8-12是泥页岩的电镜扫描图像(Hornby et al.,1994),扁平状的、颜色较深呈灰色的部分是黏土矿物,尺寸较大的、近似球形的部分是砂质颗粒。通过电镜扫描图像可以明显看出,该岩石样本中,黏土矿物近似层状分布,这种定向排列引起泥页岩的各向异性。

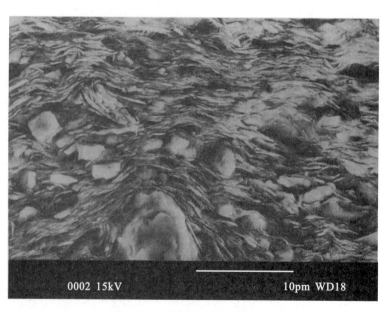

图8-12　泥页岩电镜扫描图像

另一种各向异性是由裂缝引起的。由于压力不均一、构造活动等因素影响,地层常会发育裂缝,裂缝一般是垂向发育且沿某一方位定向排列,这种裂缝定向排列的情况在自然界中普遍存在。图 8-13 为辽河油田碳酸盐岩岩芯及薄片上的裂缝,岩芯图片显示该样本存在若干条互相切割的裂缝。裂缝作为储层中油气的有效储集空间和主要的渗流通道,控制着油气的赋存和产能,其对油气的富集和成藏起着至关重要的作用。对裂缝引起的各向异性等效介质模型的深入研究能够为后续预测裂缝相关参数(如裂缝密度、方位、尺寸等)提供理论支持。

a. 曙 111 井 3 740.7m,灰色灰岩,发育两组低角度裂缝互相切割,裂缝环切岩芯未充填;b. 曙古 32 井 2050m,泥粉晶白云岩中的溶孔被淡水玉髓充填,晚期被裂缝切割,其内被油质充填。正交偏光 60×。

图 8-13 碳酸盐岩中的裂缝(辽河油田勘探开发研究院)

在微观上,各向异性介质的类型与晶系的种类相似,即包含三斜、单斜、正交、四方、三方、六方与立方共七种晶系。最复杂的没有对称轴的各向异性介质是三斜晶系,它有二十一个独立的弹性参数;最简单的是立方晶系,有三个独立的弹性参数。

理论研究表明,绝大多数晶体在单晶状态条件下都表现为各向异性。地层岩石在强大应力作用下,晶体颗粒发生塑性变化,在垂直于应力的方向上伸长,也会使岩石表现为各向异性。另外,沉积型地层在成岩过程中受到重力、高温、定向压力、水流等各种物理化学作用,使岩石地层形成片状、层状、节理等结构构造(如页岩),这类各向异性可以称为横向各向同性(TI),该类介质可以称为横向各向同性介质。除此之外,还有扩容或扩张型各向异性介质(EDA)、薄互层各向异性介质(PTL)等,这些都是六方各向异性介质基本的类型。不管何种各向异性,都与裂缝、裂隙、微裂隙、微孔洞、岩石层理等有密切关系。

二、各向异性的表征

目前学界研究最多的各向异性介质为横向各向同性(TI)介质,一个 TI 介质的弹性张量可以用五个独立的弹性常数完整地表示,其张量矩阵可以表示为:

$$C = \begin{pmatrix} c_{11} & c_{12} & c_{13} & 0 & 0 & 0 \\ c_{12} & c_{11} & c_{13} & 0 & 0 & 0 \\ c_{13} & c_{13} & c_{33} & 0 & 0 & 0 \\ 0 & 0 & 0 & c_{44} & 0 & 0 \\ 0 & 0 & 0 & 0 & c_{44} & 0 \\ 0 & 0 & 0 & 0 & 0 & c_{66} \end{pmatrix} \tag{8-16}$$

式中，$c_{66} = \frac{1}{2}(c_{11} - c_{12})$。

Thomsen 参数是由 Thomsen(1986)根据 VTI 介质提出来的描述参数。此后 Thomsen(1995)发展了 Hudson 的 HTI 裂缝模型，其基本假设是液体压力局部平衡，假设介质包含一套平行的与等径孔隙液压连接的裂缝。Thomsen 给出了描述裂缝介质的基本参数，包括 HTI 介质沿对称轴方向传播的纵波速度和横波速度 v_P 和 v_S，以及 Thomsen 三参数 ε、δ、γ。

当介质的各向异性是由裂缝引起的，并且裂缝是稀疏排列分布于各向同性介质中的圆椭球体时，各向异性参数可以表示为：

$$\begin{cases} \varepsilon = \frac{8}{3}\left(1 - \frac{K_f}{K_s}\right) D_{ci} \left[\frac{(1-\nu^*)^2 E}{(1-\nu^2) E^*}\right] e \\ \delta = 2(1-\nu)\varepsilon - 2\left(\frac{1-2\nu}{1-\nu}\right)\gamma \\ \gamma = \frac{8}{3}\left(\frac{1-\nu^*}{2-\nu^*}\right) e \end{cases} \tag{8-17}$$

式中，K_s 为岩石基质体积模量；K_f 为流体体积模量；E、ν 分别为各向同性岩石（包含骨架和孔隙中的物质）的杨氏模量和泊松比；E^*、ν^* 为各向同性干岩石的杨氏模量和泊松比；e 为裂缝密度；D_{ci} 为流体影响因素。

各向异性参数 ε、δ、γ 是相互联系的，如式(8-17)所示。各向异性参数 ε 和 δ 与裂缝中的流体和裂缝密度 e 有关。而 γ 表达式右边的系数约等于 1，即可以用各向异性参数 γ 来估计裂缝密度 e。

此后，Ruger 等(1997)给出了另一种有效描述 HTI 介质的方式，即通过垂直方向传播的 P 波速度 v_{pvert}，垂直方向传播的极化方向平行于各向同性面的横波速度 $v_{s^{||}vert}$ 和垂直方向传播极化方向垂直于各向同性面的 S 波速度 $v_{s^{\perp}vert}$，以及三个各向异性参数 ε^V、γ^V、δ^V 来表达。其中，ε^V 表示纵波的各向异性程度，δ^V 表示纵波各向异性在横向和垂向之间变化的快慢程度，γ^V 表示快、慢横波速度差异程度。这种 Thomsen 参数描述方式可以对 HTI 各向异性介质的物理意义进行直观描述，为各向异性介质的研究、分析提供重要参数。

此时 Thomsen 参数主要有六个：v_{pvert}、$v_{s^{\perp}vert}$、$v_{s^{||}vert}$、ε^V、γ^V、δ^V 分别有如下关系式：

$$v_{pvert} = \sqrt{\frac{c_{33}}{\rho}} \quad v_{s^{\perp}vert} = \sqrt{\frac{c_{55}}{\rho}} \quad v_{s^{||}vert} = \sqrt{\frac{c_{44}}{\rho}} \quad \varepsilon^V = \frac{c_{11} - c_{33}}{2c_{33}} \quad \gamma^V = \frac{c_{66} - c_{44}}{2c_{44}}$$

$$\delta^V = \frac{(c_{13} + c_{55})^2 - (c_{33} - c_{55})^2}{2c_{33}(c_{33} - c_{55})} \tag{8-18}$$

此外 η^V 控制模型的非椭圆率，η^V 越接近于零，表示介质越具有椭圆各向异性特征。η^V 与各向异性参数 ε^V、γ^V、δ^V 的关系如下：

$$\eta^V = \frac{\varepsilon^V - \delta^V}{1 + 2\delta^V} \tag{8-19}$$

一般裂缝介质的各向异性参数 ε^V、γ^V 在 $[-1,0]$ 范围内，δ^V 在 $[-1,1]$ 范围内。

各向异性参数 ε^V、γ^V、δ^V 与 Thomsen 定义的参数 ε、δ、γ 有联系，其关系为：

$$\begin{cases} \varepsilon^V = -\dfrac{\varepsilon}{1+2\varepsilon} \\[2mm] \delta^V = \dfrac{\delta - 2\varepsilon\left(1+\dfrac{\varepsilon}{f}\right)}{(1+2\varepsilon)\left(1+2\dfrac{\varepsilon}{f}\right)} \\[2mm] \gamma^V = -\dfrac{\gamma}{1+2\gamma} \\[2mm] f = 1 - \dfrac{v_S^2}{v_P^2} \end{cases} \tag{8-20}$$

第四节　岩石弹性波的衰减

地下储层是由固体骨架、孔隙、流体等组成的黏弹性多孔介质，当地震波穿过这些多孔介质时，裂缝受其影响会发生变形甚至闭合，流体与骨架之间会发生相对运动，致使在其中传播的地震波的弹性能量不可逆地转化为热能而发生消耗，因此使地震波的振幅产生衰减，并会在不同的频段呈现不同的特征。衰减的根本原因是实际岩层的非完全弹性。常使用衰减系数 α、品质因子 Q 和对数缩减率 δ 表示介质的衰减特性。衰减系数 α 表示在均匀介质内传播的弹性波振幅的指数衰变常数；品质因子 Q 也叫作内摩擦或耗散因子；对数衰减率 δ 表示地震波在一个波长 λ 距离上或一个时间周期 T 上的衰减量。

一、衰减系数和对数衰减率

在均匀介质中传播的弹性波，其振幅 A 可由下式给出：

$$A(\boldsymbol{x}, t) = A_0 e^{i(k\boldsymbol{x} - \omega t)} \tag{8-21}$$

式中，ω 为角频率；k 为波数；$\boldsymbol{x}$ 为位移；t 为时间；A_0 为初始振幅；e 为自然指数；i 为虚数，$i = \sqrt{-1}$。

如果波数为复数，即设：

$$k = k_r + i\alpha \tag{8-22}$$

那么

$$A(\boldsymbol{x}, t) = A_0 e^{-\alpha \boldsymbol{x}} e^{i(k_r \boldsymbol{x} - \omega t)} \tag{8-23}$$

式中参数 α 定义为衰减系数,单位是长度的倒数,则平面波的相速度 v 是:

$$v = \frac{\omega}{k_r} \tag{8-24}$$

如果 ω 是复数,衰减也可以用时间的倒数来定义。

假定衰减被下式决定:

$$A(x) = A_0 e^{-\alpha x} \tag{8-25}$$

那么 α 可写作:

$$\alpha = -\frac{1}{A(x)} \frac{dA(x)}{dx} = \frac{d}{dx} \ln A(x) \tag{8-26}$$

表示相对距离振幅的衰减,对于两个不同的位置 x_1 和 x_2,且 $x_1 < x_2$。相应的振幅是 $A(x_1)$ 和 $A(x_2)$,则:

$$\alpha = \frac{1}{x_2 - x_1} \ln \left[\frac{A(x_1)}{A(x_2)} \right] \tag{8-27}$$

其单位是奈培/单位长度(或简单定义为长度的倒数),或者可以表示为:

$$\alpha = \frac{1}{x_2 - x_1} \cdot 20 \log \left[\frac{A(x_1)}{A(x_2)} \right] \tag{8-28}$$

其单位是分贝/单位长度。单位换算如下:α(分贝/单位长度)=8.686(奈培/单位长度)。

对于一个自由衰变的振动系统,从式(8-28)得出的对数衰减率 δ 的定义为:

$$\delta = \ln \left(\frac{A_1}{A_2} \right) = \alpha \lambda = \frac{\alpha v}{f} \tag{8-29}$$

式中,A_1 和 A_2 为相邻的两个周期的振幅;v 为速度;f 为频率;λ 为波长。

该式表明,吸收系数 α 是频率 f 的线性函数,这是地震勘探中吸收衰减与频率关系的基本假设。

二、品质因子

品质因子 Q 及其倒数 Q^{-1}(损耗因子)是最为广泛使用的衰减度量参数。其物理意义是地震波能量 E 在一个波长 λ 距离上的相对衰减量,可表示为:

$$\frac{1}{Q} = \frac{1}{2\pi} \frac{\Delta E}{E} = \frac{\delta}{\pi} \tag{8-30}$$

式中,$1/Q$ 为损耗因子;$\Delta E/E$ 为能量的相对改变量;δ 为对数衰减率。

品质因子 Q 是一个无量纲的量。介质 Q 值越大,能量的损耗越小,介质越接近完全弹性体,因此 $Q \to \infty$ 的介质就是完全弹性介质。

由式(8-28)和式(8-30)可知,吸收系数 α 与品质因子 Q 之间的关系为:

$$\alpha = \frac{\pi f}{Q v_P} = \frac{\pi}{Q \lambda} \quad \text{或} \quad Q = \frac{\pi}{\alpha \lambda} \tag{8-31}$$

由上式可知,品质因子 Q 与吸收系数 α 成反比。进一步研究显示,纵波和横波的品质因子式是不同的。在泊松体(泊松比=0.25)情况下,纵波的品质因子 Q_P 与横波的品质因子之 Q_S 比约为9/4,即 $Q_P/Q_S \approx 9/4$。由此可见,介质对横波的吸收要比对纵波的吸收严重。

此外,实验结果也表明,在多数情况下介质的品质因子 Q 可以近似认为与频率 f 无关。由式(8-31)可知,吸收系数 α 与频率的一次方成正比。这表明品质因子 Q 与频率 f 的关系不如吸收系数 α 那样密切。在地震勘探的频带范围内,品质因子 Q 基本上不随频率 f 变化,因此使用品质因子 Q 比使用吸收系数 α 更为方便。表8-4给出了某些岩石的品质因子 Q 的取值范围。

表8-4 岩石的品质因子

岩石类型	品质因子
岩浆岩	75~100
沉积岩	20~150
含气砂岩	5~50

第五节 岩石速度与储层参数的经验关系式

经验关系式是通过大量的实验室实测数据,经过统计拟合得到的线性或者非线性关系式,它一定程度上反映了地下岩层的弹性模量与某一种或几种储层参数之间的关系。相比较于岩石物理模型,经验关系式在应用上简便易行,只需要根据实测资料进行拟合而不需要复杂的理论模型。但是,经验关系式具有特殊的区域适用性,即一般只适用于数据来源的地层或区域,而在其他区域、其他地层中不一定可用。因此,在实际应用过程中,需要根据不同地区的实际情况确定合适的经验关系式,发挥其优点,规避其缺点,以得到较为理想的应用效果。

一、速度—孔隙度关系式

1. Wyllie 时间平均方程

Wyllie 等(1956)通过测量不同孔隙度砂岩的岩石速度,发现岩石在满足①具有相对均匀的矿物;②被流体饱和;③在高有效压力下;④孔隙为原生孔隙等条件的情况下,速度与孔隙度之间存在着简单的单调关系,如式(8-32)所示。

$$\frac{1}{v} = \frac{\varphi}{v_{ma}} + \frac{1-\varphi}{v_{fl}} \quad (8-32)$$

式中,v 为岩石速度;v_{ma} 为岩石基质速度;v_{fl} 为流体速度;φ 为孔隙度。

Wyllie 平均时间方程的物理含义是:将岩石近似视为若干个平行的层,每层为组成该岩石的一种矿物或流体(图8-14),地震波在岩石中传播单位距离所用的时间等于它经过岩石内各种成分所用时间的总和。该方程具有较为广泛的用途:①已知矿物和孔隙流体以及孔隙度时(通常可以由测井解释得出),可以计算岩石速度;②已知孔隙流体成分以及岩石速度信息,可计算岩石的孔隙度;③计算的岩石速度与实测速度相减,得到岩石速度偏离曲线,可以定性判断孔隙类型与渗透率。

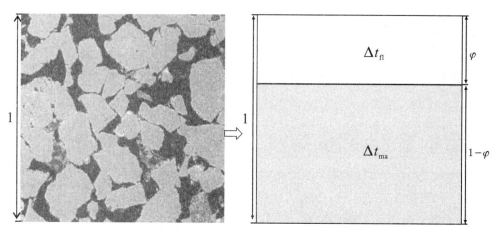

图8-14 Wyllie平均时间方程模型原理图

2.临界孔隙度公式

Nur(1992)提出临界孔隙度的概念,如图8-15所示,当孔隙度低于临界孔隙度(φ_c)时,岩石为矿物承载;而当孔隙度大于φ_c时,岩石矿物"散开",变为流体承载。

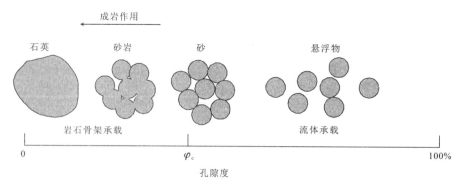

图8-15 临界孔隙度的物理意义

基于临界孔隙度,Nur等(1998)提出了一种经验性的公式,具体叙述如下。

在悬浮域,即流体承载的状况下,$\varphi > \varphi_c$,用Ruess下限模型计算等效体积模量和剪切模量。在承载域,即岩石骨架承载的状况下,$\varphi < \varphi_c$,随着孔隙度从零逐渐增大到临界孔隙度,弹性模量也迅速从零孔隙度时的矿物模量值减少到临界孔隙度时的矿物模量值。Nur使用下述公式计算岩石的弹性模量。

$$K_{dry} = K_0 \left(1 - \frac{\varphi}{\varphi_c}\right) \quad (8-33)$$

$$\mu_{dry} = \mu_0 \left(1 - \frac{\varphi}{\varphi_c}\right) \quad (8-34)$$

式中,K_0 和 μ_0 分别为矿物的体积模量和剪切模量。所以,干岩石的体积模量 K_{dry} 和剪切模量 μ_0 呈现从 $\varphi = 0$ 时的 K_0、μ_0 值,到 $\varphi = \varphi_c$ 时的 $K_{dry} = \mu_{dry} = 0$ 的线性趋势。

临界孔隙度的值取决于岩石内部结构:图 8-16 是 Nur 等(1998)测量的几组不同岩石样点,由图可见,不同的岩性其临界孔隙度不同:对颗粒状岩石临界孔隙度可能居中,对裂缝状岩石临界孔隙度可能非常小,而对泡沫状的岩石临界孔隙度可能很大。

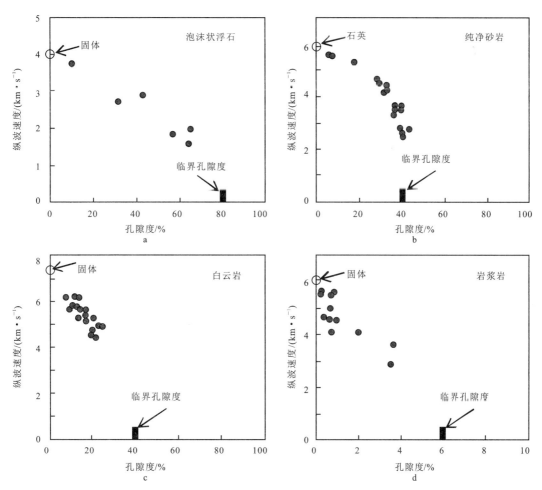

图 8-16 几种岩石在临界孔隙度范围内的纵波速度与孔隙度的关系

临界孔隙度公式有以下局限性:①临界孔隙度结果是经验性的,与多方面的因素有关;②由于只考虑了孔隙度的变化,没有考虑所含矿物及其含量等对计算结果的影响,所以应该采用其他校正方法来校正由于矿物的不同所造成的影响。

二、速度—孔隙度—黏土模型

1. Castagna 公式

Castagna 等(1985)基于声波测井和实验室测试资料,给出了泥岩的横波速度与纵波速度的关系式(8-35):

$$v_P = 1.16 v_S + 1.36 \tag{8-35}$$

式中,v_P 和 v_S 分别为纵波速度和横波速度。

对于含泥砂岩,公式为:

$$\begin{cases} v_P = 5.81 - 9.42\varphi - 2.21C \\ v_S = 3.89 - 7.07\varphi - 2.04C \end{cases} \tag{8-36}$$

式中,φ 为孔隙度;C 为黏土含量。

Castagna 经验关系式具有较为广泛的应用,对于泥岩地层,Castagna 经验关系式可以用来确定纵横波速度的线性关系式;对于泥质砂岩地层,Castagna 经验关系式可以用来确定纵横波速度与孔隙度、黏土含量的经验关系式,从而可以用来预测纵、横波速度。

2. Han 含泥砂岩经验公式

Han(1986)对一组 75 个砂岩样品进行了研究,这些砂岩的孔隙度从 2% 到 30% 变化,黏土矿物含量从 0% 到 50% 变化。研究发现岩石样品孔隙度与黏土矿物含量的关系如图 8-17 所示。从图中可以看出砂岩在黏土矿物含量较高的情况下一般具有较低的孔隙度。Han 同时测量了纵横波速度,由图 8-17、图 8-18 可知,在砂岩中,随着孔隙度的增大,纵波速度和横波速度都降低;横波速度相对于纵波速度降低得更为明显,所以纵横波速度比 v_P/v_S 是随着孔隙度的增大而增大的。

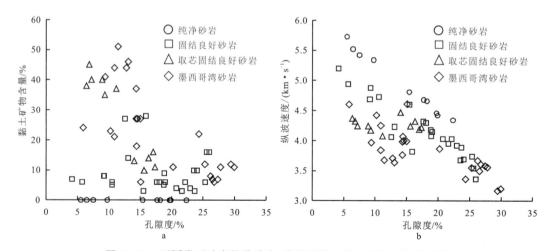

图 8-17 不同类型砂岩的孔隙度、纵波速度与黏土矿物含量关系图

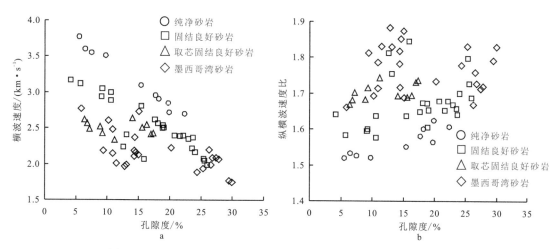

图 8-18 不同类型砂岩的横波速度、纵横波速度比和孔隙度关系图

注:有效压力 40MPa。

Han 分析认为 v_P、v_S 都与孔隙度和黏土矿物含量呈线性关系,表 8-5 为不同有效压力情况下纵、横波速度和孔隙度以及黏土矿物含量的线性关系式。这些关系式应用较为广泛,它们经验性地确定了泥质砂岩纵、横波速度与孔隙度和黏土含量的关系。

表 8-5 超声波纵波速度、横波速度与孔隙度、黏土矿物体积含量的经验关系式(据 Han et al., 1986)

	纯净砂岩	
	水饱和	
40MPa	$v_P = 6.08 - 8.06\varphi$	$v_S = 4.06 - 6.28\varphi$
	含泥砂岩	
	水饱和	
40MPa	$v_P = 5.59 - 6.93\varphi - 2.18C$	$v_S = 3.52 - 4.91\varphi - 1.89C$
30MPa	$v_P = 5.55 - 6.96\varphi - 2.18C$	$v_S = 3.47 - 4.84\varphi - 1.87C$
20MPa	$v_P = 5.49 - 6.94\varphi - 2.17C$	$v_S = 3.39 - 4.73\varphi - 1.81C$
10MPa	$v_P = 5.39 - 7.08\varphi - 2.13C$	$v_S = 3.29 - 4.73\varphi - 1.74C$
5MPa	$v_P = 5.26 - 7.08\varphi - 2.02C$	$v_S = 3.16 - 4.77\varphi - 1.64C$
	干岩石	
40MPa	$v_P = 5.41 - 6.35\varphi - 2.87C$	$v_S = 3.57 - 4.57\varphi - 1.83C$

三、速度—密度关系式

常用的速度—密度关系式为 Gardner(1974)经验关系式：

$$\rho_b = 0.31 v_P^{0.25} \tag{8-37}$$

式中，ρ_b 为纵波密度，单位为 g/cm³；v_P 是岩石速度，单位为 km/s。

Castagna 等(1993)提出了一种使用孔隙度求算密度的方法，他们认为岩石密度是构成岩石的物质的简单体积平均且和孔隙度密切相关：

$$\rho_b = (1-\varphi)\rho_0 + \varphi \rho_f \tag{8-38}$$

式中，ρ_b 为岩石密度；ρ_0 为矿物密度；ρ_f 为流体密度。

此外，Castagna 等(1993)对 Gardner 公式进行了改进，将 Gardner 公式扩展到不同岩性。表 8-6 为 Castagna 等通过测井数据和实验室测量数据总结出的两种改进后的 Gardner 公式。图 8-19 为不同岩石公式的曲线对比。

表 8-6 速度和密度关系多项式(据 Castagna et al.,1993)

方程系数 $\rho_b = a v_P^b$			
岩性	a	b	v_P 范围
页岩	1.75	0.265	1.5～5.0
砂岩	1.66	0.261	1.5～6.0
灰岩	1.50	0.225	3.5～6.4
白云岩	1.74	0.252	4.5～7.1
硬石膏	2.19	0.160	4.6～7.4
方程系数 $\rho_b = c v_P^2 + d v_P + e$			
岩性	c	d	e	v_P 范围
页岩	−0.026 1	0.373	1.458	1.5～5.0
砂岩	−0.011 5	0.261	1.515	1.5～6.0
灰岩	−0.296	0.461	0.963	3.5～6.4
白云岩	−0.023 5	0.390	1.242	4.5～7.1
硬石膏	−0.020 3	0.321	1.732	4.6～7.4

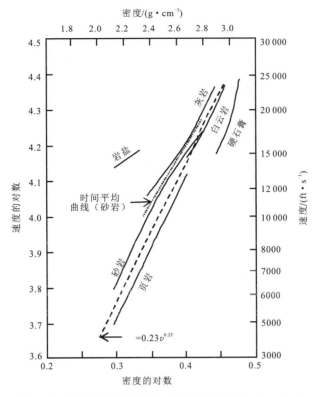

图 8-19　不同岩石的速度—密度关系曲线(Gardner,1962)

第六节　等效介质岩石物理模型

岩石物理模型是描述储层弹性参数与储层物性之间关系的数学函数。将矿物、流体、结构异常复杂岩石的弹性特征用数学公式表征，就必须对影响岩石弹性性质的主要因素进行简化和抽象，建立等效介质模型。当等效介质模型计算的数据与实验室测量数据吻合较好时，即证明了这些模型的合理性与正确性，在实际条件符合模型假设条件的情况下，将这些模型应用到实际中便可获得较为准确的结果。目前的等效介质模型主要包括各向同性介质模型、各向异性介质模型、频率相关模型。

一、等效介质理论

等效介质理论认为岩石是由固体的岩石骨架和流动的孔隙流体组成的双相体，岩石的弹性模量等效于这种双相体的弹性模量。岩石的弹性特征不仅取决于各个构成成分的体积含量(孔隙度、泥质含量等)和弹性性质(岩石骨架和孔隙流体的模量)，也取决于各组成成分相互组合在一起的几何细节（骨架颗粒的构成、孔隙形状等）。等效介质理论就是在已知岩石各相的相对含量和弹性模量的情况下，通过数学函数描述各相在岩石介质中分布的几何特征来定量求取岩石的等效弹性模量，从而进一步计算弹性波的速度和衰减。

二、上下限模型

如果已知各构成成分的体积含量、各构成成分的弹性模量及各构成成分组合在一起的几何细节，就可以用理论方法预测矿物颗粒和孔隙的混合物的等效弹性模量。如果只知道体积含量和各分量的弹性模量，只能预测等效岩石弹性模量的上下限。

1. Hashin—Shtrikman 边界模型

孔隙形状一般可分为两大类：坚硬孔隙形状和柔韧孔隙形状。坚硬的孔隙使精确值位于可容许范围内较大的一端，柔韧的孔隙使精确值位于可容许范围内较小的一端。最好的界限，定义为当孔隙几何结构未知时最窄的可容许上下界限，便是 Hashin—Shtrikman 界限（1963）。

$$K^{HS\pm}=K_1+\frac{f_2}{(K_2-K_1)^{-1}+f_1\left(K_1+\frac{4}{3}\mu_1\right)^{-1}} \quad (8-39)$$

$$\mu^{HS\pm}=\mu_1+\frac{f_2}{(\mu_2-\mu_1)^{-1}+\dfrac{2f_1(K_1+2\mu_1)}{5\mu_1\left(K_1+\dfrac{4}{3}\mu_1\right)}} \quad (8-40)$$

式中，HS 为 Hashin—Shtrikman 界限，+ 为上限，− 为下限；K_1,K_2 为构成成分的体积模量；μ_1,μ_2 为构成成分的剪切模量；f_1,f_2 为构成成分的体积分数。

Hashin—Shtrikman 上下限模型通过定义材料 1 和材料 2 来求得。一般来说，当坚硬材料定义为材料 1 时求得的是上限，当柔韧材料定义为材料 1 时求得的是下限。Hashin—Shtrikman 上下限模型可用于：①计算矿物颗粒混合物的平均矿物模量的大约范围；②计算矿物和孔隙流体的混合物的上下限。该模型仅适用于岩石是各向同性、线性、弹性的，并且每个构成成分也是各向同性、线性、弹性的。

2. Voigt—Reuss 边界模型

最简单且常用的上下限模型是 Voigt 和 Reuss 模型。Voigt 模型给出了 N 种矿物组成的复合介质的有效弹性模量上边界 M_V：

$$M_V=\sum_{i=1}^{N}f_iM_i \quad (8-41)$$

式中，M_V 为 Voigt 有效弹性模量；f_i 为第 i 种组分的体积分数；M_i 为第 i 种组分的弹性模量。Voigt 公式是岩石各种成分弹性模量的算术平均，它给出的是岩石弹性模量的上边界。

Reuss 给出了多组分混合物有效模量的下边界,Reuss 有效弹性模量 M_R 可以表示为:

$$\frac{1}{M_R} = \sum_{i=1}^{N} \frac{f_i}{M_i} \tag{8-42}$$

式中,M_R 为 Reuss 有效弹性模量;f_i 为第 i 种组分的体积分数;M_i 为第 i 种组分的弹性模量。M 可以表示任何模量,如体积模量 K、剪切模量 μ、杨氏模量 E 等。

假设岩石是石英与水组成的双相介质,石英的体积模量 $K_{sand}=38\text{GPa}$,剪切模量 $\mu_{sand}=44.4\text{GPa}$,水的体积模量 $K_w=2.2\text{GPa}$,剪切模量 $\mu_w=0\text{GPa}$。图 8-20a 和图 8-20b 为两种边界模型预测的岩石体积模量和剪切模量随孔隙度的变化曲线。Voigt 边界模型计算的体积模量与剪切模量比 Hashin—Shtrikman 上边界(HS+)"硬"一点,而 Reuss 边界模型计算的体积模量与剪切模量和 Hasin—Shtrikman 下边界(HS−)是重合的。

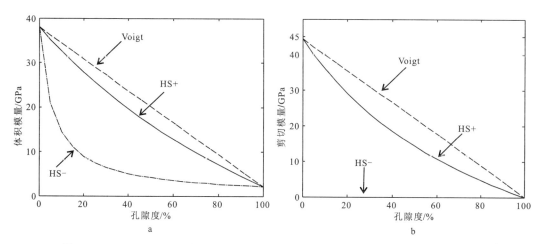

图 8-20　Voigt—Reuss 模型与 Hashin—Shtrikman 模型预测的岩石体积模量(a)、剪切模量(b)随孔隙度的变化曲线

Hill(1952)提出 Voigt—Reuss—Hill(VRH)平均公式,即用 Voigt 和 Reuss 上下边界求平均值的方法计算岩石的有效弹性模量:

$$M_{VRH} = \frac{M_V + M_R}{2} \tag{8-43}$$

VRH 平均公式常用于计算含有不同矿物成分的岩石骨架的弹性模量。Voigt—Reuss 边界模型的应用范围为:①计算矿物颗粒混合物的平均矿物模量的大约范围;②计算矿物和孔隙流体的混合物的上下限。其应用前提是假设各构成成分是各向同性、线性、弹性的。

三、各向同性岩石物理模型

各向同性介质是指组成岩石的矿物以及孔隙在不同方位上的分布是随机的,即岩石的物理性质与方向无关。本部分介绍几种工业界常用的各向同性岩石物理模型。

1. Gassmann 方程

岩石物理分析的重要问题之一是如何用岩石骨架速度计算饱和岩石速度,这便是流体替代问题。一般认为,当岩石所受的挤压增加时,比如地震波穿过岩石,会诱发孔隙压力的增加,而这种孔隙压力的增加会阻止外部压力的压缩,进而增强岩石的刚性。Gassmann(Gassmann,1951)理论通过下面的公式计算饱和流体岩石的体积模量和剪切模量,即:

$$\frac{K_{sat}}{K_0 - K_{sat}} = \frac{K_{dry}}{K_0 - K_{dry}} + \frac{K_f}{\varphi(K_0 - K_f)} \quad (8-44)$$

$$\mu_{sat} = \mu_{dry} \quad (8-45)$$

式中,K_{sat}、μ_{sat} 为所求饱和流体岩石的体积模量和剪切模量;K_{dry}、μ_{dry} 分别为干岩石的体积模量和剪切模量;K_0 为岩石基质的体积模量;K_f 为岩石中饱和的孔隙流体的体积模量;φ 为孔隙度。

Gassmann 方程假设岩石相同的矿物模量和孔隙空间是统计各向同性的,但不考虑孔隙形状的变化。该公式适用于低频情况,当频率足够低,使孔隙流体有足够的时间流动,即没有波动诱发产生孔隙压力梯度时才成立,这说明了该公式适用于地震资料频带(小于100Hz)。Gassmann 方程中干岩样的体积模量,一般是未知的,需要在实验室测量得到,一些学者提出了一些简便的计算公式以计算干岩石的弹性模量。其局限性为:①Gassmann 公式对于实验室条件下超声波测量数据效果一般。声波测井频率计算结果可能会在有效范围之内或之外,这取决于岩石类型和流体黏度;②岩石是各向同性的;③含流体岩石完全饱和。

2. Kuster—Toksöz 模型

Kuster—Toksöz(1974)模型(简称 KT 模型)是基于长波首至散射理论提出的一个双相介质有效模型。根据这一模型,多孔岩石用整体各向同性固体骨架以及随机分布的孔隙来表征。KT 建模过程如图 8-21 所示,其基本思路是将不同的包含物(孔隙)一次性加入岩石基质中,从而获得岩石的弹性模量。

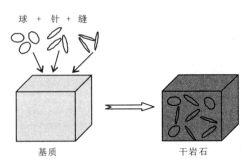

图 8-21 KT 岩石物理模型图

KT 模型的表达式如下：

$$(K_{KT} - K_m) \frac{K_m + \frac{3}{4}\mu_m}{K_{KT} + \frac{3}{4}\mu_m} = \sum_{l=1}^{L} x_i (K_i - K_m) P^{mi} \quad (8-46)$$

$$(\mu_{KT} - \mu_m) \frac{\mu_m + \frac{3}{4}\zeta_m}{\mu_{KT} + \frac{3}{4}\zeta_m} = \sum_{l=1}^{L} x_i (\mu_i - \mu_m) Q^{mi} \quad (8-47)$$

式中，K 和 G 分别为体积模量和剪切模量；下标 KT、m、i 分别为所求岩石、背景基质、第 i 种包含物材料；式子右边的求和为 L 种包含物类型（每种包含物类型的体积分数为 x_i）对弹性性质的影响；形状因子 P^{mi} 和 Q^{mi} 描述了在背景介质 m 中加入第 i 种包含物材料后的效果，对于不同的孔隙类型该形状因子不同（表 8-7）。

表 8-7　四种三维孔隙的形状因子（Berryman，1995）

3D 孔隙	P^{mi}	Q^{mi}
球形	$\dfrac{\left(K_m + \dfrac{4}{3}\mu_m\right)}{\left(K_i + \dfrac{4}{3}\mu_m\right)}$	$\dfrac{(\mu_m + \zeta_m)}{(\mu_i + \zeta_m)}$
针形	$\dfrac{\left(K_m + \mu_m + \dfrac{1}{3}\mu_i\right)}{\left(K_i + \mu_m + \dfrac{1}{3}\mu_i\right)}$	$\dfrac{1}{5}\left(\dfrac{4\mu_m}{\mu_m + \mu_i} + 2\dfrac{\mu_m + \gamma_m}{\mu_i + \gamma_m} + \dfrac{K_i + \dfrac{4}{3}\mu_m}{K_i + \mu_m + \dfrac{1}{3}\mu_i}\right)$
碟形	$\dfrac{\left(K_m + \dfrac{4}{3}\mu_i\right)}{\left(K_i + \dfrac{4}{3}\mu_i\right)}$	$\dfrac{\mu_m + \zeta_i}{\mu_i + \zeta_i}$
硬币状裂缝	$\dfrac{K_m + \dfrac{4}{3}\mu_i}{K_i + \dfrac{4}{3}\mu_i + \pi\alpha\beta_m}$	$\dfrac{1}{5}\left[1 + \dfrac{8\mu_m}{4\mu_i + \pi\alpha(\mu_m + 2\beta_m)} + 2\dfrac{K_i + \dfrac{2}{3}(\mu_i + \mu_m)}{K_i + \dfrac{4}{3}\mu_i + \pi\alpha\beta_m}\right]$

注：下标 m 和 i 分别指背景介质和包含物材料。

其中：$\beta = \mu\dfrac{3K + \mu}{3K + 4\mu}$，$\gamma = \mu\dfrac{3K + \mu}{3K + 7\mu}$，$\zeta = \dfrac{\mu}{6}\dfrac{9K + 8\mu}{K + 2\mu}$。

Kuster—Toksöz 模型假设背景相（骨架）是各向同性，而另一相（孔隙或孔隙流体）随机嵌入其中，即各个孔隙之间是孤立、不连通的，孔隙尺寸远远小于波长；同时，要求孔隙具有稀疏性，即满足：

$$\frac{\varphi}{\alpha} \ll 1 \tag{8-48}$$

式中，φ 为孔隙度；α 为孔隙纵横比。

Kuster—Toksöz 模型是一个高频模型，适用于实验室超声条件，并不适用于地震低频频带。其优点是能够考虑多种不同形状的包含物。在实际应用中通常先用该模型计算干岩石的弹性模量，再利用 Gassmann 方程计算饱和流体岩石弹性模量。其局限性为：①Kuster—Toksöz 模型只适用于孔隙度较低的岩石；②假设岩石为各向同性、线性、弹性介质；③稀疏含量的包含物。

3. 自适应（自洽）模型

Budiansky(1965)与 Hill(1952)提出了自适应模型（Self—Consistent Approximations，SCA 模型），其基本建模思想如下：将要求解的多相介质放置于无限大的背景介质中，该背景介质的弹性参数是任意可调的。通过调整背景介质的弹性参数，使可调节背景介质弹性参数与多相介质的弹性参数相匹配，当有一平面波入射时，多相介质不再引起散射，此时背景介质的弹性模量与多相介质的有效弹性模量相等。该方法既考虑到孔隙形状的影响，又能够适用于孔隙度较大的岩石。这种方法仍然被用于计算内含物的变形，但是它不再选用多相材料中的某相作为背景介质，而是用要求解的有效介质作为背景介质，通过不断改变基质来考虑内含物之间的相互作用。因为该方法考虑了内含物的相互作用，所以能适用于孔隙度较大的岩石。因为该式将待定的有效介质作为背景固体介质，从而考虑了孔隙之间的相互作用。这个理论对于不同岩石基质和孔隙情况，主要有如下三种不同的形式。

(1) 裂缝介质 SCA 模型

假设岩石中含有一种固体相及裂缝，此时 SCA 模型公式为：

$$\frac{K_{SCA}}{K_m} = 1 - \frac{16}{9}\left(\frac{1-\nu_{SCA}^2}{1-2\nu_{SCA}^2}\right)\varepsilon \tag{8-49}$$

$$\frac{\mu_{SCA}}{\mu_m} = 1 - \frac{32}{45}\frac{(1-\nu_{SCA})(5-\nu_{SCA})}{(2-\nu_{SCA})}\varepsilon \tag{8-50}$$

式中，K_{SCA} 和 μ_{SCA} 分别为岩石的体积和剪切模量；K_m 和 μ_m 分别为岩石基质的体积模量和剪切模量；ε 为裂缝密度；ν_{SCA} 为岩石的泊松比。

(2) 双相介质自洽模型（Wu,1966）

假设岩石中含有一种固体相及一种孔隙，此时 SCA 模型为：

$$K_{SCA} = K_m + x_i(K_i - K_m)P^{mi} \tag{8-51}$$

$$\mu_{SCA} = \mu_m + x_i(\mu_i - \mu_m)Q^{mi} \tag{8-52}$$

式中，x_i 为包含物体积分数；K_i、μ_i 为包含物的体积模量和剪切模量；P^{mi}、Q^{mi} 为在岩石有效介质作为背景介质时孔隙形状对岩石弹性模量贡献的参数(孔隙形状因子)。

(3)多相介质自洽模型

假设岩石中含有 N 种物质,此时公式为:

$$\sum_{i=1}^{N} x_i (K_i - K_{SCA}) P^{mi} = 0 \quad (8-53)$$

$$\sum_{i=1}^{N} x_i (\mu_i - \mu_{SCA}) Q^{mi} = 0 \quad (8-54)$$

该公式通过迭代求算,初始值 $K_{SCA}(0)=K_m$,$\mu_{SCA}(0)=\mu_m$,迭代过程中 P^{mi}、Q^{mi} 是每次迭代后的 K_{SCA} 和 μ_{SCA}。

SCA 模型既考虑到孔隙形状的影响,又能够适用于孔隙度较大的岩石。其局限性为:①理想化的椭球包含物形状;②各向同性、线性、弹性介质;③缝隙之间是隔离的,流体不能互相流动;④孔隙压力是未平衡、绝热的,适用于高频实验条件。在低频时,先求干燥岩石的等效模量,再用低频 Gassmann 方程计算饱和流体岩石的弹性模量。

(4)微分等效介质模型

微分等效介质(differential effective media,DEM)模型通过向固体相中逐渐加入填充物来模拟双相混合物(Zimmerman,1991)。此过程一直进行到需要的各成分含量达到为止。其基本思路如图 8-22 所示,近似理解为向基质中加入微量的一种具有形状的包含物,获得含有微量包含物的混合岩石,将这种混合岩石作为基质,再加入微量的具有形状的包含物,这个过程一直进行到需要的各成分含量达到为止。

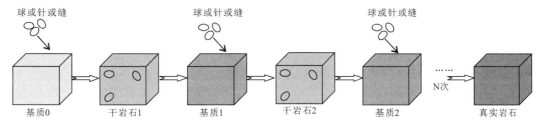

图 8-22 DEM 岩石物理模型图

DEM 模型并不是对等地对待每个组成成分,被当成主相的成分可以有不同的选择,且最终的等效模量会依赖于达到最终混合物所采用的路径。用相 1 作为主相并逐渐加入相 2,与以相 2 作为主相并逐渐加入相 1 会导致不同的等效结果。公式为:

$$(1-y) \frac{d}{dy}[K_{DEM}(y)] = (K_i - K_{DEM}) P^{mi}(y) \quad (8-55)$$

$$(1-y) \frac{d}{dy}[\mu_{DEM}(y)] = (\mu_i - \mu_{DEM}) Q^{mi}(y) \quad (8-56)$$

式中,K_{DEM}、μ_{DEM} 分别为所求等效介质的体积模量和剪切模量;K_i、μ_i 分别为包含物的体积模量和剪切模量;y 为相 2 所占的百分比,P^{mi}、Q^{mi} 为孔隙形状因子。对流体包含物和空包含物,y 等于孔隙度 φ。

在给定岩石的成分和孔隙空间时，微分等效介质模型可用来有效地估算岩石的等效弹性模量。其局限性为：①岩石是各向同性、线性、弹性的；②往固体矿物相中逐渐加入包含物的过程其实是一个理想实验，不应该被看成是对自然界中岩石孔隙度演变的一种精确地描述；③理想化的椭球包含物形状；④孔隙压力是未平衡、绝热的，适用于高频实验条件。在低频时，先求干燥岩石的弹性模量，再用低频 Gassmann 方程计算饱和流体岩石的弹性模量。

（5）微分等效 Kuster—Toksöz 模型

KT 模型有两个关键缺点：①该模型不适合于包含物含量较大的岩石；②该模型是高频的，模拟的是非常高频条件下饱和岩石的属性，适用于超声实验室条件。对于第二个限制，可以通过引入 Gassmann 方程来得到低频条件下的岩石弹性模量；对于第一个限制，可以采取引入微分等效的思想进行改善，如图 8-23 所示，其基本思想是，将孔隙划分为许多小份（极小量），每个小量具有不同的孔隙形状，分为 N 次加入岩石中，每次加入后孔隙相替代相同体积分数的基质相，从而形成混合相，这种混合介质即为新的基质相，将该过程重复 N 次，直到所加入的包含物相体积分数达到真实值。

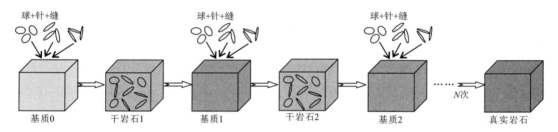

图 8-23 微分等效 Kuster—Toksöz(DKT)模型图

上述微分过程的数学推导过程如下，式(8-46)和式(8-47)可以被重写为：

$$(K_{KT} - K_m) \frac{3K_m + 4G_m}{3K_{KT} + 4G_m} = \varphi \sum_{i=1}^{L} V_i (K_i - K_m) P^{mi} \quad (8-57)$$

$$(G_{KT} - G_m) \frac{G_m + \zeta_m}{G_{KT} + \zeta_m} = \varphi \sum_{i=1}^{L} V_i (G_i - G_m) Q^{mi} \quad (8-58)$$

式中，v_i 是每种孔隙类型在总孔隙度 φ 中的体积分数（这里假设岩石是由一种矿物、L 种孔隙组成）。

设每次迭代往基质中加入等量的孔隙 y（极小值），则每次迭代时基质的体积分数为 $x = 1 - y$。使用式(8-57)、式(8-58)求算基质中加入孔隙后的体积模量和剪切模量，K_0 和 μ_0 为第一次迭代前的基质弹性模量，加入 y 含量的包含物后得到 K_1、μ_1，即完成了 1 次迭代，重复此过程，直到所加入的孔隙总量达到实际值。假设经过 N 次迭代，基质的体积模量和剪切模量变为 K_N 和 μ_N，下次迭代要求的岩石的体积模量和剪切模量为 K_{N+1} 和 μ_{N+1}，则式(8-57)、式(8-58)可以写成直接形成式(8-59)、式(8-60)。

$$K_{N+1} = \frac{K_N \left(K_N + \frac{4}{3} G_N \right) + \frac{4}{3} y G_N \sum_{i=1}^{L} V_i (K_i - K_N) P^{mi}}{K_N + \frac{4}{3} G_N - y \sum_{i=1}^{L} V_i (K_i - K_N) P^{mi}} \quad (8-59)$$

$$G_{N+1} = \frac{G_N(G_N + \zeta_N) + y\sum_{i=1}^{L}V_i(G_i - G_N)Q^{mi}}{G_N + \zeta_N - y\sum_{i=1}^{L}V_i(G_i - G_N)Q^i} \quad (8-60)$$

式中，K_N、μ_N 分别为经过 N 次迭代后的等效岩石基质体积模量和剪切模量；K_{N+1}、μ_{N+1} 分别为经过 N 次迭代后的未知的体积模量和剪切模量。

每一次迭代后，孔隙是随机分散在岩石基质中的，那么除第一次迭代外，其他迭代过程所替换的不光是岩石基质，也有孔隙的一部分，而本质上需要替换的物质仅仅是岩石基质。因此，每次加入基质中的孔隙 y，仅有 $(1-\varphi)y$ 对每次迭代过程中的真实孔隙度 $\mathrm{d}\varphi$ 有贡献，也就是说，每次迭代过程中的真实孔隙度的变化量为：

$$\mathrm{d}\varphi = (1-\varphi)y \quad (8-61)$$

那么，岩石中的真实孔隙度与每次迭代过程中加入的孔隙值 y 之间的关系为：

$$\varphi = 1 - \mathrm{e}^{\sum y} \quad (8-62)$$

式中，$\sum y$ 是计算过程中加入的孔隙的总和，称为计算孔隙度。

如果迭代次数是 N，那么式(8-62)变为：

$$\varphi = 1 - \mathrm{e}^{Ny} \quad (8-63)$$

则实际增量 y 可以得到，如式(8-64)所示。

$$y = \frac{1}{N}\ln\left(\frac{1}{1-\varphi}\right) \quad (8-64)$$

KT 模型的一个重要的限制是假设孔隙是稀疏的。因此，要保证每次迭代计算都满足孔隙稀疏的要求，就需要一定的迭代次数（N）以使每次加入的孔隙度较小。总体来说，迭代次数 N 越大，所得结果越精确，但是却需要较长的计算时间，因此，计算过程中需要确定一个不太大，但是可以得到较精确解的 N，一般 N 取 100 左右就可达到目标。

使用数值计算来对比微分 KT 模型与 KT 模型，微分 KT 模型与 DEM 模型之间的异同。假设岩石为砂岩，基质体积模量为 37GPa，剪切模量为 44GPa；岩石孔隙中含盐水，其体积模量为 2.2GPa；对 Berryman 三维孔隙形态中的硬币状裂缝孔隙进行模拟。硬币状裂缝的孔隙纵横比分别为 0.01,0.05,0.1,0.3,0.5,0.7,1；数值模拟中假设孔隙度范围为 0~1，需要注意的是，真实岩石中的孔隙度不大于临界孔隙度；迭代次数设为 100，以保证对所有的情况都是精确的。

图 8-24 为 KT 模型与微分 KT 模型正演结果对比图。由图可以看到，在小孔隙度时，新模型与 KT 模型正演结果一致，比如针对孔隙纵横比（图中为 AR）为 0.01 的硬币状裂缝孔隙，在孔隙度小于 0.05 时两者基本一致；随着孔隙度增大，新模型与 KT 模型的差距变大，相比较于 KT 模型，新模型在高孔隙度时可以得到更符合规律的值，一个极端情况是当孔隙度为 1 时，真实值应该是孔隙包含物的参数，由图可见，新模型可以得到真实值，而 KT 模型所计算的结果显然是不对的。

图 8-25 为 DEM 模型与微分 KT 模型正演结果对比图。此时，为了更好地观察 DEM

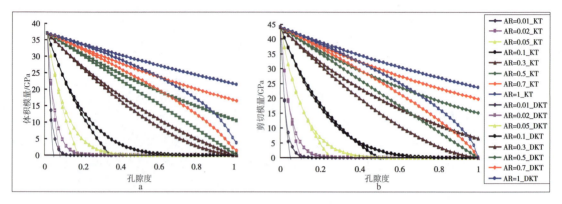

图 8-24　岩石含硬币状孔隙时 KT 模型与微分 KT 模型正演结果对比(Liu et al.,2015)

模型与 DKT 模型的差别,模拟单孔隙类型情况。由图可以看到,在孔隙度从 0 变到 1 的范围内,DKT 模型预测结果与 DEM 模型预测结果基本一致,说明 DKT 模型适应于大孔隙度与小孔隙度情况。需要指出的是,DKT 模型可应用于多孔隙类型情况,DEM 模型不可以。

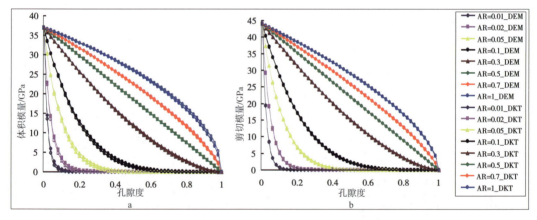

图 8-25　岩石含针形和球形孔隙时 DEM 模型与微分 KT 模型正演结果对比(Liu et al.,2015)

(6) SCA—DEM 模型

SCA 模型与 DEM 模型相比,概念上的区别可以表述为(图 8-26):DEM 模型假设将固体矿物作为背景介质(A),利用微分等效介质理论将包含物相(B)分成许多小份逐步加入到复合介质中,包含物介质与背景介质不对称,两者不能互相交换位置;而 SCA 模型将未知的混合岩石介质作为背景岩石,无论是固体矿物相,还是包含物相,都是作为集合中的元素,相互之间可以调换位置。SCA 模型虽然既考虑了每种组成物质的形状,又能够适用于孔隙度较大的岩石,但是临界孔隙度的存在使得其应用受到一定的限制。对于固体相和流体相(孔隙相)组成的混合岩石,当流体相的体积分数大于 60% 时,自洽模型计算的剪切模量趋向于 0,意味着当流体相的体积分数大于 60% 时,固体相失去了连续性,图 8-26 显示在流体相体积分数占 0~1 范围内时由 SCA 模型计算得到的弹性模量都分布在 Hashin—Shtrikman 上下边界范围内；当孔隙度达到60%附近时，SCA模型计算得到的弹性模量与Hashin—Shtrikman下边界重合，而且剪切模量变为零，即由岩石矿物作为骨架的岩石形态转变为悬浮液形态。Agnibha等(2009)认为当固体相的体积分数达到60%附近时由SCA模型计算得到的剪模量也为0，即流体相的体积分数必须落在40%～60%之间时，固体相和流体相组成的有效介质是双联通的，即SCA模型适用的有效孔隙度范围在40%～60%之间，这与绝大部分储层的孔隙度范围是不相适应的。

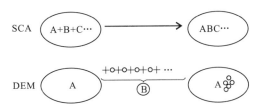

图8-26　SCA模型与DEM模型处理不同相之间组合的模式图

为了解决自洽模型受限的问题，通常的做法是将自洽模型与微分等效介质模型相结合。其思路是先用SCA模型计算含临界孔隙度时的岩石骨架，再使用DEM模型调整孔隙度到真实值。图8-27给出了基于Berryman的三维孔隙类型—球形孔隙的SCA模型及其SCA—DEM模型预测的体积模量与剪切模量随孔隙度的变化，假设岩石是石英与水组成的双相介质，临界孔隙度值给定为50%，对于球形孔隙，当孔隙度达到60%时，SCA模型预测的剪切模量趋向于0，与Hashin—Shtrikman给出的下边界重合。由前述的SCA—DEM模型建模思路可知，首先给定一个临界孔隙度值（并不一定是最大值，比如50%），利用SCA模型计算临界孔隙度时的模量参数，然后引入DEM模型，调节孔隙度至真实值，计算得到真实孔隙度条件下的模量参数，其适用的有效孔隙度范围能够大幅度提高。这种方法有效地解决了SCA存在临界孔隙度的限制问题。

4. Xu—White模型

针对每种岩石物理模型都有其应用范围与限制条件，Xu—White模型(1995)结合Wyllie时间平均公式、KT岩石物理模型、Gassmann方程，构建了一种砂泥岩岩石物理模型，它将岩石孔隙划分大孔隙纵横比(约0.12)的砂岩孔隙和小孔隙纵横比(约0.02～0.05)的泥岩孔隙，通过KT模型计算干岩石的弹性模量。砂岩孔隙和泥岩孔隙的体积比与岩石中的砂质成分和黏土体积比一致。最后使用Gassmann方程往干岩石中加入流体，计算饱和流体岩石的弹性模量。由于该模型综合了多种岩石物理模型，使其兼具Kuster—Toksöz模型和Gassmann方程考虑孔隙流体影响的优点，能够考虑两种矿物、两种孔隙，成功地解决了砂泥岩的岩石物理问题。该模型更大的意义在于，提出了这种采用多种模型混合以解决实际工程问题的思路，研究者根据这种思路构建了大量的混合模型。

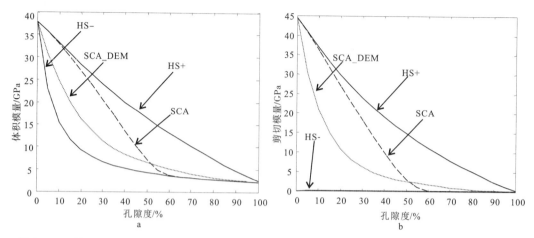

图 8-27 基于 Berryman 的 3D 孔隙类型—球形孔的 SCA 模型与 SCA—DEM 模型预测的岩石体积模量(a)、剪切模量(b)随孔隙度的变化

四、各向异性岩石物理模型

针对颗粒定向排列和裂缝引起的岩石速度各向异性，前人提出多种各向异性岩石物理模型。本节介绍几种工业界常用的各向异性岩石物理模型。

1. 各向异性自适应(自洽)模型

Budiansky(1965)与 Hill(1965)提出了各向异性自洽(SCA)模型。该模型假设介质体积为 V，V 远大于其内部微结构的尺度，但远小于低频声波的波长。岩石的刚度张量表示为：

$$\boldsymbol{C}^{\text{SCA}} = \sum_{n=1}^{N} V_n \boldsymbol{C}^n [\boldsymbol{I} + \boldsymbol{G}(\boldsymbol{C}^n - \boldsymbol{C}^{\text{SCA}})]^{-1} \times \left\{ \sum_{p=1}^{N} V_p [\boldsymbol{I} + \boldsymbol{G}(\boldsymbol{C}^p - \boldsymbol{C}^{\text{SCA}})]^{-1} \right\}^{-1} \quad (8-65)$$

式中，$\boldsymbol{C}^{\text{SCA}}$ 为要计算的岩石的刚度张量；$\boldsymbol{I}$ 为单位张量；$\boldsymbol{G}$ 为与孔隙几何形状有关的张量；$\boldsymbol{C}^n$ 为第 n 相的刚度张量；$\boldsymbol{C}^p$ 为第 p 相的刚度张量；V_n 和 V_p 分别为第 n 相和第 p 相的含量。

2. 各向异性微分等效介质模型

与各向同性微分等效介质岩石物理模型思路一致，向基质中加入无穷小量的裂缝，直到所加入的裂缝含量达到真实孔隙度，从而计算得到包含裂缝岩石的各向异性参数，公式如下式所示：

$$\frac{\text{d}}{\text{d}V} \boldsymbol{C}^{\text{DEM}}(V) = \frac{1}{1-V} [\boldsymbol{C}^i - \boldsymbol{C}^{\text{DEM}}(V)] \times \{\boldsymbol{I} + \boldsymbol{G}[\boldsymbol{C}^i - \boldsymbol{C}^{\text{DEM}}(V)]\}^{-1} \quad (8-66)$$

式中，$\boldsymbol{C}^{\text{DEM}}$ 为要计算的岩石的刚度张量；$\boldsymbol{I}$ 为单位张量；$\boldsymbol{G}$ 为与孔隙几何形状有关的张量；$\boldsymbol{C}^i$ 为包含物的刚度张量；V 为包含物的体积含量，如果包含物都是孔隙，则 $V=\varphi$。

3. Hudson 模型

Hudson(1981,1986)在一定假设条件下给出了描述裂缝各向异性介质刚度矩阵的近似表达式。假设各向同性背景介质的拉梅常数为 λ 和 μ，裂缝填充物的拉梅常数为 λ' 和 μ'，则等效各向异性介质的弹性系数 C 可由下式表示：

$$\boldsymbol{C} = \boldsymbol{C}^0 + \boldsymbol{C}^1 + \boldsymbol{C}^2 \tag{8-67}$$

式中，$\boldsymbol{C}^0$ 是各向同性背景岩石的弹性张量，$\boldsymbol{C}^1$ 和 $\boldsymbol{C}^2$ 分别为裂缝充填物质（或包体）一阶和二阶相互作用形成的弹性张量。如令：

$$\boldsymbol{C} = \begin{bmatrix} c_{11} & c_{13} & c_{13} & 0 & 0 & 0 \\ c_{13} & c_{33} & c_{23} & 0 & 0 & 0 \\ c_{13} & c_{23} & c_{33} & 0 & 0 & 0 \\ 0 & 0 & 0 & c_{44} & 0 & 0 \\ 0 & 0 & 0 & 0 & c_{66} & 0 \\ 0 & 0 & 0 & 0 & 0 & c_{66} \end{bmatrix} \tag{8-68}$$

则

$$\begin{cases} c_{11} = (\lambda + 2\mu) - \dfrac{\zeta}{\mu}\lambda^2 U_{11} + \dfrac{\zeta^2 \lambda^2 q U_{11}^2}{15(\lambda + 2\mu)} \\ c_{33} = (\lambda + 2\mu) - \dfrac{\zeta}{\mu}(\lambda + 2\mu)^2 U_{11} + \dfrac{\zeta^2(\lambda + 2\mu)^2 q U_{11}^2}{15} \\ c_{13} = \lambda - \dfrac{\zeta}{\mu}\lambda(\lambda + 2\mu) U_{11} + \dfrac{\zeta^2 \lambda^2 q U_{11}^2}{15} \\ c_{44} = \mu - \zeta\mu U_{33} + \dfrac{\zeta^2 \chi U_{33}^2}{15} \\ c_{66} = \mu \\ c_{23} = c_{33} - 2c_{66} \end{cases}$$

$$\begin{cases} q = 15\left(\dfrac{\lambda}{\mu}\right)^2 + 28\dfrac{\lambda}{\mu} + 28 \\ \chi = \dfrac{2\mu(3\lambda + 8\mu)}{\lambda + \mu} \\ U_{11} = \dfrac{4}{3}[(\lambda + 2\mu)/(\lambda + \mu)]/(1 + K) \\ U_{33} = \dfrac{16}{3}[(\lambda + 2\mu)/(3\lambda + 4\mu)]/(1 + M) \\ K = [(\lambda' + 2\mu')/(\pi\alpha\mu)][(\lambda + 2\mu)/(\lambda + \mu)] \\ M = [4\mu'/(\pi\alpha\mu)][(\lambda + 2\mu)(3\lambda + 4\mu)] \end{cases}$$

式中，λ 和 μ 为各向同性背景介质的拉梅常数；λ' 和 μ' 为裂缝填充物的拉梅常数；对于薄的、分离的椭球体来说，α 为裂缝纵横比，该理论假设裂缝纵横比远远小于 1；$\zeta = 3\varphi/(4\pi\alpha)$ 指裂缝的密度，Hudson 模型中一阶校正适用的裂缝密度 $\zeta<0.1$，二阶校正裂缝密度稍大，但一般不应大于 0.2。在裂缝密度较大的区域，二阶校正结果稍好一些。其他过程参数可以根据上述参数由公式依次计算得到。

Hudson 模型的适用条件为：①介质包含定向排列的比地震波长小得多的裂缝；②裂缝是薄的、分离的扁球体，且纵横比较小；③包体内所含液体、气体或其他物质的剪切模量和体积模量比基质小；④Hudson 模型适用于低密度的裂缝条件，其一阶校正要求裂缝密度小于 10%，二阶校正在裂缝密度相对较大时仍然适用，但一般要求裂缝密度不能大于 20%；⑤Hudson 模型适用于高频条件，并且假设孔隙之间不发生流体的流动。

4. Eshelby-Cheng 模型

Cheng(1993)基于 Eshelby(1957)的包含裂缝介质应力—应变关系提出了一种各向异性岩石物理模型。对于一个含饱和液体的垂直分布的椭球形裂缝，岩石的等效刚度张量 $\boldsymbol{C}$ 为：

$$\boldsymbol{C}=\boldsymbol{C}_0-\varphi\boldsymbol{C}_1 \tag{8-69}$$

式中，φ 为孔隙度；$\boldsymbol{C}_0$ 为各向同性背景的刚度张量；$\boldsymbol{C}_1$ 为一阶校正量。$\boldsymbol{C}$、$\boldsymbol{C}_0$ 和 $\boldsymbol{C}_1$ 与公式(8-68)形式一致，内部元素可由下式计算得到。

$$\begin{cases} c_{11}^1 = \lambda(S_{31}-S_{33}+1) + \dfrac{2\mu E}{D(S_{12}-S_{11}+1)} \\ c_{33}^1 = \dfrac{(\lambda+\mu)(-S_{12}-S_{11}+1)+2\lambda S_{13}+4\mu C}{D} \\ c_{13}^1 = \dfrac{(\lambda+2\mu)(S_{13}+S_{31})-4\mu C+\lambda(S_{13}-S_{12}-S_{11}-S_{33}+2)}{2D} \\ c_{44}^1 = \dfrac{\mu}{1-2S_{1313}} \quad c_{66}^1 = \dfrac{\mu}{1-2S_{1212}} \end{cases}$$

其中

$$\begin{cases} C=\dfrac{K_{fl}}{3(K-K_{fl})}, \\ D=S_{33}S_{11}+S_{33}S_{12}-2S_{31}S_{13}-(S_{11}+S_{12}+S_{33}-1-3C)-C[S_{11}+S_{12}+2(S_{33}-S_{13}-S_{31})], \\ E=S_{33}S_{11}-S_{31}S_{13}-(S_{33}+S_{11}-2C-1)+C(S_{31}+S_{13}-S_{11}-S_{33}), \\ S_{11}=QI_{aa}+RI_a, S_{33}=Q\left(\dfrac{4}{3}\pi-2I_{aa}\alpha^2\right)I_aR, S_{12}=QI_{ab}-RI_a, \\ S_{13}=QI_{aa}\alpha^2-RI_a, S_{31}=QI_{aa}-RI_a, S_{1212}=QI_{ab}+RI_a, \\ S_{1313}=\dfrac{Q(1+\alpha^2)I_{ac}}{2}+\dfrac{R(I_a+I_c)}{2}, I_a=\dfrac{2\pi\alpha(\cos_a^{-1}-\alpha S_a)}{S_a^3}, \\ I_{aa}=4\pi-2I_a, I_{ac}=\dfrac{I_c-I_a}{3S_a^2}, I_{aa}=\pi-\dfrac{3I_{ac}}{4}, I_{ab}=\dfrac{I_{aa}}{3}, \\ \sigma=\dfrac{3K-2\mu}{6K+2\mu}, S_a=\sqrt{1-\alpha^2}, R=\dfrac{1-2\nu}{8\pi(1-\nu)}, Q=\dfrac{3R}{1-2\nu}。 \end{cases}$$

上述 K 和 μ 分别为各向同性固体矿物的体积模量和剪切模量,K_{fl} 为流体的体积模量,α 为裂缝纵横比,其他参数可以依次计算得到。

Eshelby—Cheng(Eshelby,1957;Cheng,1993)模型可以用来计算横向各向同性含裂隙介质的等效刚度张量,其假设及限制条件如下:①模型假设各向异性、均匀、弹性背景固体矿物和理想化的椭球缝隙形状;②模型假设低裂隙含量但可以处理任意裂缝纵横比;③模型假设裂隙彼此之间是隔离的,流体不相互流动,因此这种条件下模拟的是非常高频率下的饱和岩石属性,适用于超声实验室条件。

与 Hudson 模型不同,Eshelby—Cheng 模型适合任意高宽比,而 Hudson 模型只适用非常小的高宽比($\alpha<0.1$)。图 8-28 和图 8-29 模拟了泊松体背景下充填一般流体和"弱包含物"情况下的 Hudson 模型和 Eshelby—Cheng 模型预测的速度对比图。可以看出,对于小的高宽比和低的裂隙密度($\alpha<0.1$),只要使用"弱包含物"形式的 Hudson 模型,其结果与 Eshelby—Cheng 模型基本上是相同的。

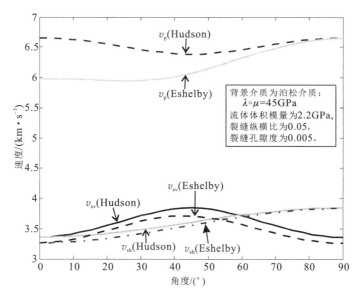

图 8-28 Hudosn 模型和 Eshelby—Cheng 模型分别计算的充填流体的裂缝介质的准纵波、准横波及纯横波速度随角度变化曲线图

5. Schoenberg 模型

Schoenberg(1980)提出了线性滑动模型理论,并给出了裂缝刚度矩阵和柔度矩阵的表达式,其假设条件是跨越裂缝面的位移不连续及裂缝具有旋转不变性。与 Hudson 理论的最大区别是:Schoenberg 理论用柔度参数对裂缝介质进行描述,而 Hudson 理论用刚度矩阵描述裂缝介质。两者都基于裂缝之间的不连通假设。Backus(1962)引入柔度矩阵对各向同性背景下的平行薄裂缝进行描述,公式为:

岩石物理学基础

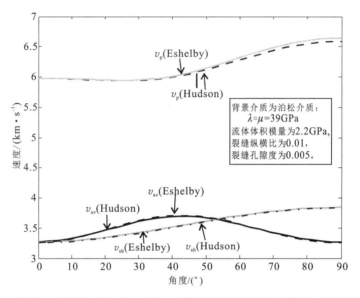

图 8-29　Hudson 模型和 Eshelby—Cheng 模型分别计算的充填"弱包含物"的裂缝介质的准纵波、准横波及纯横波速度随角度变化曲线图

$$S = S_b + S_f \tag{8-70}$$

式中，S_b 为背景岩石柔度矩阵；S_f 为裂缝柔度矩阵。对于垂直平行薄裂缝，柔度矩阵 S_f 为：

$$S_f = \begin{bmatrix} K_N & 0 & 0 & 0 & K_{NV} & K_{NH} \\ 0 & 0 & 0 & 0 & 0 & 0 \\ 0 & 0 & 0 & 0 & 0 & 0 \\ 0 & 0 & 0 & 0 & 0 & 0 \\ K_{NV} & 0 & 0 & 0 & K_V & K_{VH} \\ K_{NH} & 0 & 0 & 0 & K_{VH} & K_H \end{bmatrix} \tag{8-71}$$

式中，K_N、K_V、K_H、K_{NH}、K_{NV}、K_{VH} 为描述位移与应力关系的柔度矩阵元素。

对于最简单的旋转不变性裂缝，柔度矩阵的元素满足：

$$K_{NV} = K_{NH} = K_{VH} = 0, K_V = K_H \tag{8-72}$$

令 $K_V = K_H = K_T$，则公式(8-70)中的柔度矩阵变为：

$$S_f = \begin{bmatrix} K_N & 0 & 0 & 0 & 0 & 0 \\ 0 & 0 & 0 & 0 & 0 & 0 \\ 0 & 0 & 0 & 0 & 0 & 0 \\ 0 & 0 & 0 & 0 & 0 & 0 \\ 0 & 0 & 0 & 0 & K_T & 0 \\ 0 & 0 & 0 & 0 & 0 & K_T \end{bmatrix} \tag{8-73}$$

式中，K_N 为正向柔度因子；K_T 为切向柔度因子。对于各向同性背景介质，假设其拉梅系数为 λ 和 μ，并引入无量纲量：

$$\begin{cases} \Delta N = \dfrac{(\lambda + 2\mu)K_N}{1 + (\lambda + 2\mu)K_N} \\ \Delta T = \dfrac{\mu K_T}{1 + \mu K_T} \end{cases} \tag{8-74}$$

式中，ΔN 为正向柔度；ΔT 为切向柔度。Schoenberg 等（1988）通过比较线性滑动模型和 Hudson 模型，认为二者裂缝参数满足如下关系：

$$\begin{cases} \Delta N = \dfrac{\lambda + 2\mu}{\mu} U_{11} \zeta \\ \Delta T = U_{33} \zeta \end{cases} \tag{8-75}$$

式中，λ 和 μ 为各向同性背景介质的拉梅系数；ζ 为裂缝密度；U_{11} 和 U_{33} 的表达式见 Hudson 模型一节。

假设裂缝中充填物的体积模量是 k'，剪切模量是 μ'，把 U_{11} 和 U_{33} 的表达式代入式（8-75）得：

$$\begin{cases} \Delta N = \dfrac{4\zeta}{3g(1-g)\left[1 + \dfrac{1}{\pi g\alpha(1-g)}\left(\dfrac{k' + \dfrac{4}{3}\mu'}{\mu}\right)\right]} \\ \Delta T = \dfrac{16\zeta}{3(3-2g)\left[1 + \dfrac{4}{\pi\alpha(3-2g)}\left(\dfrac{\mu'}{\mu}\right)\right]} \end{cases} \tag{8-76}$$

式中，$g \equiv \dfrac{\mu}{\lambda + 2\mu} = \dfrac{\beta^2}{\alpha^2}$ 即横纵波速度比的平方；α 是裂缝纵横比。

（1）对于干裂缝（干的或者充填气），$k' = \mu' = 0$，则：

$$\begin{cases} \Delta N = \dfrac{4\zeta}{3g(1-g)} \\ \Delta T = \dfrac{16\zeta}{3(3-2g)} \end{cases} \tag{8-77}$$

（2）对于湿裂缝（充填油或者水），$\mu' = 0$。对于水或油来说，其体积模量 k' 在 2GPa 左右，而岩石骨架的体积模量一般是十几到几十 GPa，两者相差一个数量级。通常裂缝纵横比 α 很小（约 0.001），可得：

$$\left(\dfrac{k' + \dfrac{4}{3}\mu'}{\mu\alpha}\right) \gg 1 \tag{8-78}$$

则

$$\begin{cases} \Delta N = 0 \\ \Delta T = \dfrac{16\xi}{3(3-2g)} \end{cases} \tag{8-79}$$

通过求解柔度矩阵的逆，则有效裂缝介质的刚度矩阵为：

$$C = S^{-1} = C_b - \begin{pmatrix} (\lambda+2\mu)\Delta N & \lambda\Delta N & \lambda\Delta N & 0 & 0 & 0 \\ \lambda\Delta N & \dfrac{\lambda^2}{\lambda+2\mu}\Delta N & \dfrac{\lambda^2}{\lambda+2\mu}\Delta N & 0 & 0 & 0 \\ \lambda\Delta N & \dfrac{\lambda^2}{\lambda+2\mu}\Delta N & \dfrac{\lambda^2}{\lambda+2\mu}\Delta N & 0 & 0 & 0 \\ 0 & 0 & 0 & 0 & 0 & 0 \\ 0 & 0 & 0 & 0 & \mu\Delta T & 0 \\ 0 & 0 & 0 & 0 & 0 & \mu\Delta T \end{pmatrix}$$

(8-80)

利用上述矩阵,借鉴 Thomsen 参数的计算方式,可得在弱各向异性条件下,各向异性参数与裂缝柔度参数的关系为:

$$\begin{cases} \varepsilon^V = -2g(1-g)\Delta N \\ \delta^V = -2g[(1-2g)\Delta N + \Delta T] \\ \gamma^V = -\dfrac{\Delta T}{2} \end{cases}$$

(8-81)

(1) 对于干裂缝(干的或充填气体):

$$\begin{cases} \varepsilon^V = \dfrac{8}{3}\zeta \\ \gamma^V = -\dfrac{8\zeta}{3(3-2g)} \\ \delta^V = -\dfrac{8}{3}\zeta\left[1 + \dfrac{g(1-2g)}{(3-2g)(1-g)}\right] \end{cases}$$

(8-82)

(2) 对于湿裂缝(充填油或水):

$$\begin{cases} \varepsilon^V = 0 \\ \gamma^V = -\dfrac{8\zeta}{3(3-2g)} \\ \delta^V = -\dfrac{32g}{3(3-2g)}\zeta \end{cases}$$

(8-83)

6. Brown—Korringa 模型

Brown—Korringa 模型(1975)描述了各向异性干岩石的有效弹性张量和流体饱和岩石的有效弹性张量之间的关系,被视为各向异性流体替换公式,如式(8-84)所示。

$$S_{ijkl}^{dry} - S_{ijkl}^{sat} = \dfrac{(S_{ijmm}^{dry} - S_{ijmm}^0)(S_{klmm}^{dry} - S_{klmm}^0)}{(S_{mmnn}^{dry} - S_{mmnn}^0) + (\beta_{fl} - \beta_0)\varphi}$$

(8-84)

式中,S_{ijkl}^{dry} 为干岩石的有效柔度张量;S_{ijkl}^{sat} 为流体饱和岩石的有效柔度张量;S_{ijmm}^0 为构成岩石的矿物的有效柔度张量;β_{fl} 为孔隙流体的可压缩性;β_0 为矿物质的可压缩性;φ 为岩石的孔隙度。

五、频率依赖岩石物理模型

引起地震波速度频散和衰减的一个最重要原因是地震波作用下岩石孔隙内流体的流动,学者们已提出了多种描述不同情况下速度频散和衰减的理论模型。根据饱和流体分布是否均匀,这些理论模型可以划分为均匀饱和条件模型和非均匀饱和条件模型两大类。前者根据多孔介质中固体-流体的相互作用力学机制的差异,可进一步分为全局流机制和局域流机制,主要包括 Biot 模型、喷射流模型、BISQ 模型、双孔模型、裂缝-孔隙微结构模型等;后者则主要是斑块饱和理论模型(王海洋等,2012)。

1. 均匀饱和条件模型

1)全局流机制

全局流机制是基于 Biot 流理论(Biot,1956)来刻画宏观(非均质性的规模比地震波长大的空间)地震波能量吸收衰减的一种基本力学机制,其诱发原因是波在穿过含有流体的孔隙时其波峰和波谷之间的流体压力均衡而使流体作为一个整体相对于岩石固体骨架发生摩擦运动,从而引发了能量耗散。Biot 模型可以较好地描述超声波频带下高围压饱和岩石的速度频散和衰减,但是在低有效压力下,其预测结果非常差,这是因为该机制模型忽略了微观孔隙结构等对速度频散和衰减的影响。因此,Biot 模型只适用于探讨高围压下高渗均匀饱和岩石在超声波频带下的速度频散和衰减。

2)局域流机制

(1)喷射流模型。Mavko 等(1975)首次提出单孔非均匀介质下的喷射流理论,后经多位学者研究发展形成了模拟微观尺度(非均质性的规模比地震波长小的空间)地震波速度频散和衰减的一种经典的"局域流"机制模型。这种机制假设当地震波穿过岩石时,岩石中小的"软孔隙"发生闭合,使得其内的流体喷射到大的"硬孔隙"中,这个喷射的过程往往造成较大的能量损失,是诱发大规模地震波速度吸收衰减的主因。该模型的适用条件是低渗(阻止孔隙内流体的自由流动)、低压(保证软孔隙开启)的均匀饱和岩石。

(2)BISQ 模型。Dvorkin 等(1995)联合"Biot 流"和"喷射流"建立了一个适用于低压下"软孔隙"开启、高压下"软孔隙"关闭的 BISQ 模型。BISQ 模型同时考虑了全局流和局域流。

(3)双孔模型。目前已形成了两种学界比较认可的速度频散和衰减的双孔理论诱发机理(巴晶,2010):①当地震波穿过饱和两种不同流体的岩石孔隙时迫使两种性质差异的流体发生耦合和相互摩擦作用,从而诱发能量耗散和衰减;②当地震波穿过时,岩石内部孔隙结构的非均质性使得在两类孔隙的流体界面上形成压差从而迫使两类孔隙中的流体发生局域流动,进而诱发能量耗散和衰减。这种基于孔隙结构非均匀性的双孔模型相较于 Biot 模型、喷射流模型、BISQ 模型对速度频散和衰减的模拟可能更加完备,尤其是其可以模拟得到地震频带的明显速度频散和衰减,从而体现出了其在实际地震勘探中的潜在价值。需要指出的是,以上两种机理应都是合理存在的,且在共存时会有耦合作用,但目前尚没有一个统一的双孔模型对其进行综合描述(王海洋等,2012)。

(4)裂缝-孔隙微结构模型。该模型描述了由于邻近孔隙和裂缝内的流体发生相互流动而造成的能量衰减,其实质是一种以喷射流为基础的局域流模型,可以模拟较大规模的速度频散和衰减,适用于复杂孔隙形状的岩石。其最早是由 Chapman(2002)在小裂缝、孔隙随机分布的各向同性介质中建立的,后来又发展到定向排列的大裂缝(Chapman,2003),从而使得该模型被拓展到各向异性介质中。该模型最大的特点是不仅考虑了孔隙形状且考虑了不同孔隙间相互作用对速度频散和衰减的影响,因此利用该模型可以很好地考察孔隙度、孔隙流体性质、裂缝密度、裂缝表面比、岩石渗透率和流体黏度等多种因素对速度频散和衰减的影响。对于这些影响的深入分析,将帮助我们更好地将这种频散和衰减现象应用于实际的油气储层预测中。

2. 非均匀饱和条件模型

非均匀饱和条件模型主要是指斑块饱和理论模型。斑块饱和是指受流体饱和度变化的影响,部分饱和或多相饱和孔隙介质中流体的分布是非均质的流体饱和状态。在空间上一般呈现为外包为水、中心为气体充填的球体或椭球体。斑块饱和模型就是描述这种流体饱和状态下地震波通过时所诱发的斑块内外孔隙压力失衡而引起的速度频散及衰减。White(1975)首次提出了球形孔隙规则分布的斑块饱和模型,其后发展了一般孔隙形状下的斑块饱和模型、孔隙和流体任意分布的斑块饱和模型。在斑块饱和模型中,岩石的临界孔压均衡长度 L_c 是一个非常重要的参数,其是指在地震波穿过岩石过程中,诱发的孔隙压力的增加恰好不能迫使饱和水空间与饱和气球体空间相互渗透而达到完全饱和时两空间之间的距离。随着流体饱和度的变化,岩石的临界孔压均衡长度 L_c 也发生变化。当达到一定的饱和度,且实际孔隙空间距离 $L>L_c$ 或测量频率 f 大于特征频率 f_c 时,诱发孔隙压力会从均衡状态过渡到非均衡状态,反映在速度上则出现突然的跳跃。显然这是一种完全不同于 Biot 流和喷射流模型的另一种速度频散和衰减机制,如在实验室观察到的速度随含水饱和度变化而变化的现象就是这种机制的一种体现。

第七节 地震波速度的应用

地震勘探是石油与天然气勘探中勘查地下岩层、构造、孔隙度等地质信息的主要手段。地震波的走时(波传播时间)信息是地震勘探所使用的主要信息,为我国主要大油气田的发现作出了突出贡献。随着石油勘探开发的深入,可勘探的构造型油气藏、浅部油气藏、常规油气藏逐渐变少,目前的油气勘探工作重点已转移到岩性油气藏、深部油气藏、非常规油气藏,这些油气藏往往具有埋藏较深、储层致密、非均质性强、各向异性强的特征,且由于钻井费用高昂,开发风险较大。在开发前需要对油气藏有精细、准确的认识,找到优质的储层和含油气储层,即进行岩性、流体、储层的识别。这些是我国油气勘探面临的重要挑战和难题。目前解决这些问题的核心手段是利用叠前地震资料获得弹性参数、各向异性参数,再利用这些参数识别岩性、流体。

一、岩性识别

油气勘探的一个主要目的是利用地震数据寻找易于储存油气的岩性地层。利用弹性参数交会可以区分不同岩性,从而明确地震数据所代表的岩性。图 8-30a 是辽河油田某区沙河街组不同岩性测井数据的交会图,在此地层中,碳酸盐岩和火山角砾岩是储层,泥岩、页岩、泥质砂岩等是非储层。由图 8-30a 可见,储层岩石表现为高 P 波阻抗和 S 波阻抗,火山角砾岩的阻抗又高于碳酸盐岩。储层岩石与非储层岩石的 P 波阻抗有较多数据点叠合在一起,即使用 P 波阻抗不能完全将几种岩性区分开,而使用 P 波阻抗和 S 波阻抗交会,就可以较好地将储层岩石与非储层岩石区分开。图 8-30b 为地震数据 P 波阻抗和 S 波阻抗的交会图,按照测井数据指明的储层岩性和非储层岩性的分布规律,对地震数据进行解释,选取高 P 波阻抗、高 S 波阻抗范围内数据,同时以纵横波阻抗作为参考,获得碳酸盐岩和火山角砾岩的平面分布图(图 8-31),岩性分布预测结果与井资料吻合。

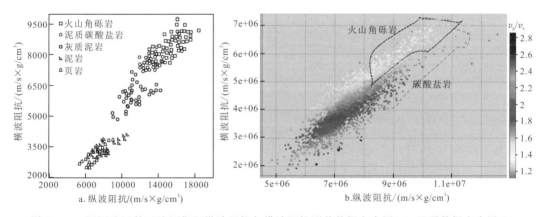

图 8-30 辽河油田某区沙河街组纵波阻抗与横波阻抗测井数据交会图(a),地震数据交会图(b)
(Liu et al.,2012)

二、流体识别

在深部储层,钻前明确储层中的流体类型对提升钻井成功率有重要意义,通过弹性参数的综合应用,能够有效识别流体类型。图 8-32 为塔里木盆地某区鹰山组地层碳酸盐岩储层中不同流体时的弹性参数交会图,在该地区,储层一般为溶蚀孔洞。由图可见,当储层内部充填流体(油/气/水)时,含气储层的泊松比值最低,含水储层的泊松比值高,含油储层的

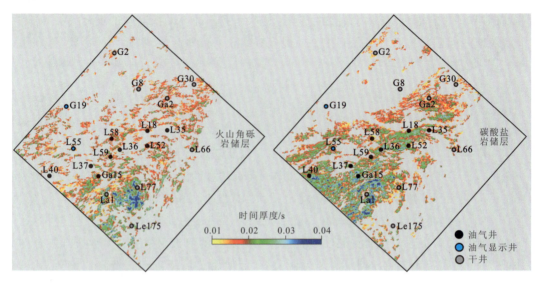

图 8-31 辽河油田某区沙河街组四段火山角砾岩和碳酸盐岩分布图(Liu et al.,2012)

泊松比在中间。含泥储层的泊松比一般高于含流体储层,这是因为通常岩石骨架的可压缩性远大于泥质和流体,表现为骨架纵波速度大于后二者;而泥质的可剪切性常略小于骨架但大于流体,因而泥质充填的溶洞横波速度降低,表现为泊松比值变化不大,而流体充填的溶洞横波直接沿骨架传播,表现为泊松比值显著降低。此图表明了利用地震数据进行溶洞型碳酸盐岩储层预测的关键标准:无论溶洞内充填流体还是泥质,其纵波阻抗值明显小于背景岩石;充填流体时的泊松比值则比充填泥质时小。

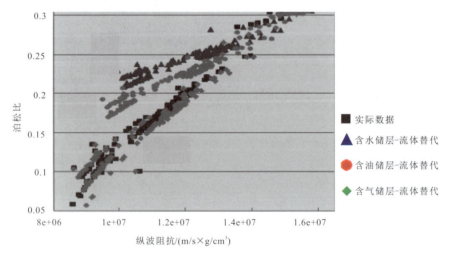

椭圆 A. 泥质充填溶洞;椭圆 B. 碳酸盐岩骨架;椭圆 C. 流体充填储层。

图 8-32 碳酸盐岩纵波阻抗(PI)和 ν 属性交会图(张远银,2015)

图 8-33 为塔里木某区 A 井碳酸盐岩目标层段实际测井数据与据弹性属性预测的流体

分布对比图。该井在奥陶系鹰山组上段(约6150～6192m)钻遇大型溶洞,最初主要产气,后来逐渐也有油和水采出。生产前两年其日产气约$39×10^4 m^3$,油约17.8t,水约41.5t。依据图8-33a中纵波阻抗与泊松比交会图上圈出的气和油水识别多边形,分别追踪满足多边形条件的数值,如图8-33b和图8-33c所示。整个储层段范围纵波阻抗较小,而饱含气的上部储层含水饱和度较小,下部含水范围含水饱和度较大。显然,流体预测的结果与实际钻井资料吻合。

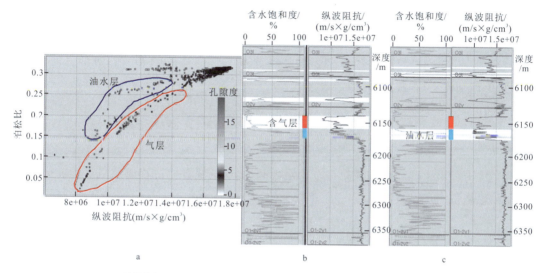

a.测井资料交会图;b、c.依据a上的流体多边形预测的气体和油水分布。

图8-33 塔里木油田某区A井碳酸盐岩层段流体预测结果图

在进行流体识别时,研究者根据弹性参数提出不同的流体识别因子,以波阻抗量纲的幂次方为基础,可将流体因子分为以下几种类型:①波阻抗量纲的零次方类,即无量纲类:纵、横波速度比v_P/v_S,泊松比ν;②波阻抗量纲的一次方类:纵波阻抗I_P、横波阻抗I_S…;③波阻抗量纲的二次方类:I_P^2、I_S^2、$I_P^2-CI_S^2$…。主要的弹性因子表达式包括以下几种。

(1)泊松比和纵、横波速度比。泊松比是岩石纵向压缩和横向拉伸的比值,它是纵、横波速度比的函数,两者同属于波阻抗零次量纲类弹性因子。泊松比能够很好地反映岩性及岩石的含气性。大量的物理实验表明,泊松比对区分岩性有特殊的作用,不同岩性的泊松比差别比速度的差别要大。对于同一种岩性,饱和不同的流体对横波速度影响甚微,对纵波速度影响很大。而泊松比的变化取决于纵波速度的变化,变化幅度则取决于速度的基值和速度变化的幅度,纵、横波速度比也是如此。因此,泊松比和纵、横波速度比能够反映流体的变化,是一种较为敏感的流体因子。

(2)杨氏模量E。杨氏模量是岩石所受应力与应变的比值。它也是纵、横波速度比的函数,属于波阻抗二次量纲类函数。根据杨氏模量的计算公式,可以看出杨氏模量随岩石的泊松比、纵波速度和密度的变化而变化,岩石的杨氏模量大小不仅仅受到泊松比的影响(随着泊松比的降低而升高),同时随着速度、密度的升高而升高,说明岩石抗形变能力不仅与横向变形系数有关,而且与致密程度有关,岩石越致密,波阻抗越高,抗形变能力越强。

(3)Goodway 等(1997)提出的流体识别因子:

$$\begin{cases} \lambda\rho = I_P^2 - 2I_S^2 \\ \mu\rho = I_S^2 \end{cases} \tag{8-85}$$

该识别因子是由拉梅系数 λ 和密度 ρ 来区分岩性和流体的方法(LMR 技术),Goodway 指出拉梅系数 λ 对孔隙流体比较敏感,而剪切模量 μ 对岩石骨架敏感,因此拉梅系数与密度的乘积($\lambda\rho$)可以作为流体因子进行含油气性的直接检测,而剪切模量与密度的乘积($\mu\rho$)可以作为区分岩性的敏感因子。

(4)Russell 等(2003)基于 Biot—Gassmann 方程改写了岩石饱和流体时的纵波速度方程,得到了识别流体组分的流体因子表达式:

$$\rho f = I_P^2 - C I_S^2 \tag{8-86}$$

式中,C 为调节因子;f 为 Gassmann 流体项;ρ 为岩石密度;C 的值与岩性有关,通常取值为 1.333~3;当 $C=2$ 时,流体因子 ρf 等于 $\lambda\rho$。

(5)Quakenbush 等(2006)通过选取合适的角度,旋转纵波阻抗和横波阻抗的交会关系,提出了泊松阻抗 EPI 的概念:

$$EPI = I_P - \gamma I_S \tag{8-87}$$

式中,γ 为旋转角度,其值由测井数据决定。

(6)宁忠华等(2006)在总结分析前人方法的基础上,提出了高灵敏度的流体因子:

$$\nu_{FIF1} = \frac{I_P}{I_S} I_P - A I_S \tag{8-88}$$

以及二次方量纲高灵敏度识别因子:

$$\nu_{HSFIF} = \frac{I_P}{I_S} I_P^2 - B I_S^2 \tag{8-89}$$

式中,A、B 均为调节因子。

在实际应用中,一般利用流体因子交会定性识别储层中的流体,或者采用叠前反演方法直接求算流体因子以进行流体检测。

第九章 岩石的放射性特征

第一节 岩石的放射性

一、原子核的基本知识与天然放射性

原子由原子核和围绕着它的电子所组成。原子核由质子和中子构成。质子带有正电,其电荷和一个电子所带的电量相等。原子核中的质子数等于外围的电子数,所以原子呈中性,这个数值叫作元素的原子序数(质子数),通常用符号 Z 表示。原子核中质子与中子的总数叫作该元素的质量数,用符号 A 表示。因此,原子核里中子的数目为 $A-Z$。质子与中子的质量几乎相等,接近于一个原子质量单位(质量数为 12 的碳原子质量的 1/12 为一个原子质量单位)。

具有相同质子数 Z 和中子数 N 的一类原子核,称为一种核素,或把具有相同原子序数 Z 和质量数 A 的一类原子核,称为一种核素。核素是用它所属的化学元素的符号按下列方式表示:$_Z^A\text{X}$,X 是元素符号。例如,$_8^{16}\text{O}$ 是氧元素的一种核素。

质子数相同,中子数不同的核素称为同位素。例如,$_1^1\text{H}$、$_1^2\text{H}$、$_1^3\text{H}$ 是氢的三种同位素。

1. 天然放射性

核素分为稳定的和不稳定的两种。不稳定核素的原子核能自发地放射某种射线,这种现象称为放射性,所以不稳定核素也叫作放射性核素。原子核由于放射出射线而发生的转变,称为原子核衰变。因此,放射性与原子核衰变密切相关。由于放射性现象是由原子核的变化引起的,与核外电子状态的改变关系很小,所以元素的放射性一般不受它所处的物理状态和化学状态的影响。

放射性核素放出的射线主要有三种:α、β 和 γ。通过研究发现,α 射线带正电,β 射线带负电,γ 射线不带电。实际上,α 粒子就是氦原子核,β 粒子就是电子,γ 射线为波长极短的电磁波。

放射性核素的衰变遵从统计规律,在某一时间的衰变率和当时存在的可以衰变的原子核数 N 成正比,即:

$$\frac{dN}{dt} = -\lambda N \qquad (9-1)$$

比例系数 λ 称为衰变系数。负号是表示原子核数随时间增加而减少。

如果开始时的原子核数是 N_0，把式(9-1)积分则得：

$$N = N_0 e^{-\lambda t} \qquad (9-2)$$

放射性核素的衰变率（单位时间的衰变数 $-dN/dt$）叫放射性活度，由式(9-1)和式(9-2)可得：

$$A = -\frac{dN}{dt} = \lambda N_0 e^{-\lambda t} = A_0 e^{-\lambda t} \qquad (9-3)$$

式中，$A_0 = \lambda N_0$ 是 $t=0$ 时的放射性活度。可见放射性活度和放射性核素的数目具有同样的指数衰减规律。

在实际运用中，经常通过测定放射性衰变过程中单位时间放出射线数，即射线强度来了解放射性活度。放射性活度和放射性强度是有区别的物理量。仅当放射源的一次衰变只放出一个粒子时，该放射源的射线强度和放射性活度才相等。

描述放射性衰变的几率，除了用衰变常数 λ 以外，通常还用下面两个量——半衰期和平均寿命表示。原子核数衰减一半所需的时间，叫作半衰期 T。把 $N=N_0/2, t=T$ 代入式(9-2)则得：

$$T = \frac{\ln 2}{\lambda} = \frac{0.693}{\lambda} \qquad (9-4)$$

2. 放射性单位

在国际单位制中，放射性活度的单位名称为"贝可[勒尔]"(Becquerel)。它的国际单位为 Bq，中文单位是贝可。1 贝可定义为每秒一次核衰变，即 $1Bq=1s^{-1}$。贝可是一个很小的单位，因此往往需要较大的单位，如兆贝可等。

放射性活度的旧单位叫作居里(Ci)。居里的定义是：如果有一放射源，每秒钟产生 3.7×10^{10} 次衰变，这个源的活度就是 1Ci。显然 $1Ci = 3.7 \times 10^{10} Bq$。

3. 岩石的天然放射性

岩石中能够放射出足够强的 γ 射线，并为现代技术所探测的放射性核素，只有 ^{40}K、^{238}U 和 ^{232}Th。其中 ^{40}K 衰变后变成稳定的 ^{40}Ar，放出单一能量 (1.46MeV)的 γ 射线，而 ^{238}U 和 ^{232}Th 分别经过复杂的衰变过程才变成稳定的 ^{206}Pb，因此放出的 γ 射线能谱也比较复杂，如图 9-1 所示。铀系和钍系中比较突出的 γ 射线分别是铋(1.76MeV)和铊

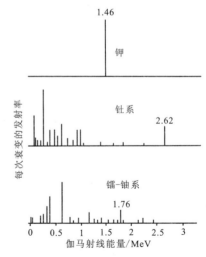

图 9-1 放射性元素发射的 γ 射线能谱

(2.62MeV)放出的。

地壳中钾、钍、铀三种元素的相对丰度分别为 2.35%、12×10^{-6} 和 3×10^{-6}。它们的单位重量相对 γ 射线活度，分别为 1、1300 和 3600。

钾是地壳中常见的元素，是构成地壳的前十种主要元素之一。沉积岩中含钾的矿物有许多种，如蒸发岩中的钾盐、钾芒硝、无水钾镁矾和钾盐镁矾等。

铀和钍的矿物是比较稀少的。由于铀的化合物易溶于水，可以被搬运和吸附在有机质上，因而在泥岩中富集。钍不溶于水，所以常常和重矿物独居石或锆石等汇集在一起，这些矿物也称为残余物。

岩浆岩中，酸性岩浆岩放射性核素含量最高，钍铀比最大，基性岩中的含量则为酸性岩的 1/4 到 1/5，超基性岩中含量最低。

沉积岩中放射性核素含量与沉积物来源、沉积条件和后生作用等密切相关。沉积岩中的黏土岩类，放射性核素含量较高，这是由于黏土矿物具有较强的吸附能力造成的，其中特别是蒙托石和伊利石由于比面很大，对岩石的放射性贡献最大。砂岩中放射性核素含量变化较大，它与砂岩成分和黏土含量有关。

变质岩类岩石的放射性核素含量，与变质前岩石的放射性核素含量，以及以后的变质过程有关，而且依据具体的地质条件不同而不同。

二、伽马射线与物质的相互作用

放射性物质能够放出 α、β、γ 三种放射性射线，它们具有不同的性质。

α 射线：α 射线是氦原子核流。氦的原子核是 $_2^4He$，带有两个单位正电荷。因为质量大，它容易引起物质的电离或激发，被物质吸收。虽然 α 射线的电离本领最强，但它在物质中穿透距离很小，在空气中为 2.5cm 左右，在岩石中的穿透距离为 10^{-3}cm。

β 射线：β 射线是高速运动的电子流，它在物质中的射程也较短，如能量为 1MeV 的 β 射线在铅中的射程仅为 1.48m。

γ 射线：γ 射线是频率很高的电磁波或光子流，不带电荷，能量很高，一般在几十万电子伏特之上，并且有很强的穿透能力，能穿透几十厘米的地层、套管及仪器外壳，所以 γ 射线在放射性测井中能够被探测到，因而得到利用。

地球物理测井所使用的 γ 射线源的能量都在 10MeV 以下，当 γ 射线穿过物质时，受光电效应、康普顿—吴有训效应和电子对效应的作用被衰减或吸收。

1. 光电效应

当一个 γ 量子（或称光子）和原子相碰撞时，它可能将所有能量全部交给一个电子，使其脱离原子而运动，光子本身则整个被吸收。由这种作用而释放的电子主要是 K 壳层电子，也可能是 L 壳层电子或其他壳层的电子，它们统称为光电子。这个效应就称为光电效应，如图 9-2a 所示。

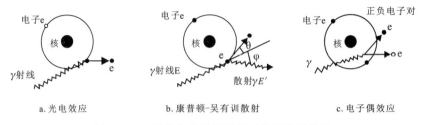

a. 光电效应　　　b. 康普顿-吴有训散射　　　c. 电子偶效应

图 9-2　γ射线与物质原子相互作用的示意图

由光电效应引起的γ射线吸收,用吸收系数δ表示。δ与物质的原子序数Z的关系十分密切,可以近似地写成:

$$\delta \propto Z^{4.6} \qquad (9-5)$$

因此,对于原子序数不同的物质,δ的数值可以相差很大。δ大约和γ射线能量的三次方成反比。当能量增高时,光电效应将显著降低。

2. 康普顿—吴有训效应

康普顿—吴有训效应是光子和原子中一个电子的弹性相互作用。在这个过程中光子很像一个微粒,和电子发生弹性碰撞,光子把一部分能量传给了电子,使电子从原子空间中以与光子初始方向成θ角的方向射出,光子则朝着与自己初始方向成φ角的方向散射。被散射的光子继续和物质的电子相互作用,直到发生光电效应而结束。

图9-2b表示能量为$E=h\nu$的光子在电子上发生散射的情况。散射过程是弹性碰撞过程,它满足能量及动量守恒原理,散射后的光子能量变为E':

$$E' = \frac{E}{1+\dfrac{E}{m_0 c^2}(1-\cos\varphi)} = \frac{h\nu}{1+\dfrac{h\nu}{m_0 c^2}(1-\cos\varphi)} \qquad (9-6)$$

式中,h为普朗克常数,等于$6.62\times 10^{-34}\text{J·S}$;$\nu=\dfrac{c}{\lambda}$;$c$为光速,等于$3\times 10^{10}\text{cm/s}$;$\lambda$为入射光子的波长;$m_0$为电子静止质量。

γ射线通过每一单位距离的物质时,因康普顿—吴有训效应而导致的强度减弱,通常用吸收系数σ表示。σ与吸收物质的原子序数Z和单位体积的原子数N成正比。换句话说,即和吸收物质单位体积中的电子数成正比。若用σ_e表示每一个电子的吸收系数,则:

$$\sigma = \sigma_e NZ \qquad (9-7)$$

σ_e只和γ射线的能量有关,几乎和吸收物质的性质无关。

3. 电子对效应

大能量γ射线通过物质时,在原子核力场作用下,可能形成一对正负电子,如图9-2c所示。形成电子偶所需的能量为1.02MeV,只有能量大于1.02MeV的γ射线才能形成电子偶。γ射线在形成电子偶后,多余的能量都转变为正负电子的动能。形成电子偶的吸收

系数用 κ 表示,它和原子序数 Z 的平方成正比。

4.伽马射线的吸收

γ 射线通过物质时,会和物质发生如上所述的三种作用,γ 光子被吸收。所以 γ 射线的强度将会随着通过物质的距离增大而减小。因此总吸收系数 μ 可以写成：

$$\mu = \delta + \sigma + \kappa \tag{9-8}$$

三、伽马射线探测原理

目前使用较为普遍的探测器是闪烁计数器。闪烁计数器是由萤光体和光电倍增管组成。γ 射线进入萤光体引起发光,光电倍增管将闪光转变成电脉冲,电脉冲的数量与进入萤光体的 γ 射线数量成正比,这就是闪烁计数器的基本工作过程。γ 射线不能直接引起萤光体发光,而是先使萤光体产生光电子或康普顿电子(或生成电子偶),然后再由这些电子激发萤光体的分子使其发光。发光光子的总能量与射线能量之比,称为萤光体的发光效率。多种萤光体的发光效率都是常数。因此,根据发光的强弱有可能鉴别射线能量的大小。

荧光体分有机和无机两种,测量 γ 射线主要用无机的,如碘化钠(铊激活)[NaI(Tl)]晶体。

光电倍增管的结构及工作原理如图(9-3)所示,它包括三部分：①光阴极;②联极;③阳极。光阴极和联极上都有锑铯化合物。光电子在电场作用下射入第一联极,联极受到光电子的轰击,发出比轰击电子更多的电子,这些电子在电场作用下依次向以后的各联极射出。每到一个联极,电子数目都增加一些,当这一束电子最后到达阳极时,它所含的电子数目比原来的光电子增大约 $10^5 \sim 10^8$ 倍。阳极是个收集电极,当它收到由最后联极来的电子流后,电位瞬时降低,产生一个幅度与原来光电子数成正比的负脉冲。

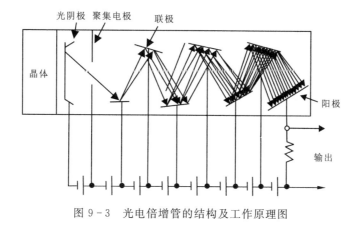

图 9-3 光电倍增管的结构及工作原理图

第二节 岩石的核磁共振性质

核磁共振是指处在某个静磁场中的原子核系统,受到相应频率的电磁波作用时,在它们的磁能级之间所发生的共振跃迁现象。自从伯塞尔(E. M. Purcell)和布洛赫(F. Bloch)分别用不同方法发现物质的核磁共振现象以来,很快形成一门新的边缘学科——核磁共振波谱学。目前已在物理学、物理化学、生物学、医学、遗传学、石油分析、药物学、有机化学、地学等许多领域得到了广泛的应用。

一、核磁共振物理原理

原子核除了具有质量和电荷两个基本特性之外,实验表明,许多原子核如同陀螺一样围绕着某个轴作自身旋转运动。进行自旋运动的原子核都具有一定的自旋角动量。它是一个矢量,用 p 表示,它的方向与旋转轴重合。根据量子力学,自旋角动量的绝对值由下式决定:

$$|p| = \frac{h}{2\pi}\sqrt{I(I+1)} \tag{9-9}$$

式中,h 为普朗克常数,等于 6.626×10^{-34} J·s;I 为自旋量子数。

自旋量子数 I 只能取零、半整数和整数,而不能取其他值。它与原子核的质量数 A 和质子数 Z 的奇偶有关,它们之间的规律如表 9-1 所示。

表 9-1 自旋量子数 I 与原子核的质量数 A 和质子数 Z 奇偶的关系

A	Z	I
奇	奇或偶	半整数:1/2、3/2、5/2……
偶	偶	0
偶	奇	整数:1、2、3……

按照表 9-1,只有当原子核中的质子数为奇数、或者中子数为奇数、或者两者都为奇数,才表现出自旋角动量。例如 A 是奇数的 $_1^1H$、$_5^{11}B$、$_6^{13}C$、$_7^{15}N$、$_9^{19}F$、$_{11}^{23}Na$、$_{15}^{31}P$ 等原子核的自旋量子数 I 等于半整数;A 是偶数 Z 是奇数的 $_1^2H$、$_7^{14}N$、$_9^{20}Fe$ 等原子核自旋量子数 I 为整数;A 和 Z 都是偶数的 $_2^4He$、$_6^{12}C$、$_8^{16}O$ 等原子核自旋量子数 I 为零。原子核自旋角动量的方向是量子化的。原子核自旋角动量在空间某个方向 Z 轴的投影只能取一些不连续的数值。

具有自旋角动量的带电原子核如同一个磁化的小"陀螺",具有磁矩 μ。由原子核磁矩和角动量的绝对值之比,定义为原子核的磁旋比 γ,它是表征原子核核磁性质的重要参数。

当原子核处于磁场强度为 H_0 的稳定磁场中时,磁矩 μ 将受到一个转矩使之按 H_0 定向,但由于自旋角动量 P 与磁矩 μ 是共轴的,将受到自旋角动量的反抗,于是产生绕 H_0 的进动。进动的角速度为:

$$\omega = \gamma H_0 \tag{9-10}$$

进动的频率被称为拉莫频率:

$$f = \frac{\gamma H_0}{2\pi} \tag{9-11}$$

式(9-11)表明,某原子核的拉莫频率和稳定磁场的强度及该原子核的磁旋比成正比,于是当磁场强度一定时,不同原子核由于具有不同的磁旋比而具有不同的拉莫频率。相反,当原子核种类一定时,拉莫频率将是磁场强度的函数。质子旋进磁力仪测量地磁场强度就是根据这个原理。

二、核磁共振测量原理

核磁共振测量一般用 CPMG(Carr—Purcell—Meiboom—Gill)脉冲序列进行测量的一个系列过程。CPMG 是由四位研究人员卡尔(Carr)、帕塞尔(Purcell)、梅博姆(Meiboom)和杰尔(Gill)名字的第一个字母构成。

CPMG 法的工作原理如图 9-4 所示,90°脉冲加在 x' 轴上,使 M 转 90°到 y' 轴上(图 9-4a)。由于磁场的非均匀性,相位将逐渐分散开来(图 9-4b),在时刻 d,在 y' 轴上加一个 180°脉冲,使分散开来的磁矩围绕 $+y'$ 轴旋转 180°(图 9-4c),这时核磁矩仍向原来的方向旋转,但旋转较快的在后面(图 9-4d),因此在时刻 $2d$ 时,它们在 y' 轴上重新聚集起

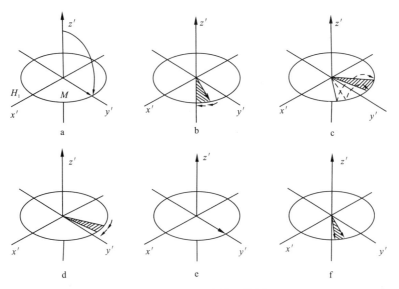

图 9-4 CPMG 法的工作原理

注:H_1 为外加磁场强度,单位为 A/m;M 为不平衡状态下的磁化强度,单位为 A/m。

来，形成一个自旋回波（图9-4e）。这个回波的幅度是由 $2d$ 时的 $M_{y'}$ 所决定的。第一个回波之后，核磁矩在非均匀磁场作用下，又重新分散开来（图9-4f）。在 $3d$ 时再加上一个 $180°$ 脉冲，同理在 $4d$ 时又得到一个自旋回波信号。因此在 $90°$ 脉冲之后，在 $d,3d,5d$······在 y' 轴加上 $180°$ 脉冲，则在 $2d,4d,6d$······就得到自旋回波信号，而且回波信号都是正值。

由 CPMG 法得到的自旋回波脉冲序列如图9-5所示。图的上部是一个自旋回波脉冲序列，下部表示自旋回波脉冲序列之间连接的情况。图中 T_E 代表脉冲间隔。T_W 称为等待时间，也称为恢复时间，是两个自旋回波脉冲序列之间的间隔。

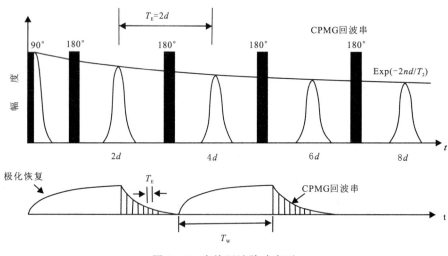

图9-5 自旋回波脉冲序列

三、孔隙性岩石的核磁性质

在核磁测井时，岩石骨架本身的核磁共振效应是观测不到的，但是，孔隙壁与孔隙流体的相互作用对岩石核磁性质的影响，却可以在核磁测井结果中明显地被观测到。岩石孔隙纵向和横向弛豫速率的附加影响可以分别表示为：

$$\frac{1}{T_{1S}} = \rho_1 \frac{S}{V} \tag{9-12}$$

$$\frac{1}{T_{2S}} = \rho_2 \frac{S}{V} \tag{9-13}$$

式中，T_{1S} 为岩石颗粒表面产生的纵向弛豫时间；T_{2S} 为岩石颗粒表面产生的横向弛豫时间；S 为岩石孔隙表面积；V 为岩石体积；S/V 称为岩石比面，它与岩石颗粒粗细或孔隙直径大小有关。

在受到外场作用下，颗粒表面和孔隙液体分界面上的磁场梯度 G，可以表示为：

$$G = B_0 \frac{\Delta \chi}{r} \tag{9-14}$$

式中，B_0 为外加磁场强度；$\Delta\chi$ 为骨架颗粒与孔隙液体的磁化率差；r 为孔隙半径。

储层条件下流体的弛豫时间，或含流体岩石的弛豫时间，可以写成：

$$\frac{1}{T_2} = \frac{1}{T_{2B}} + \frac{1}{T_{2D}} + \frac{1}{T_{2S}} \tag{9-15}$$

$$\frac{1}{T_1} = \frac{1}{T_{1B}} + \frac{1}{T_{1S}} \tag{9-16}$$

或写成：

$$\frac{1}{T_2} = \frac{1}{T_{2B}} + \rho_2 \frac{S}{V} + \frac{D(\gamma G T_E)^2}{12} \tag{9-17}$$

$$\frac{1}{T_1} = \frac{1}{T_{1B}} + \rho_1 \frac{S}{V} \tag{9-18}$$

式中，T_1 为自由流体纵向弛豫时间；T_2 为自由流体横向弛豫时间；T_{1B} 为体积纵向弛豫时间；T_{2B} 为体积横向弛豫时间；T_{2D} 为扩散横向弛豫时间；G 为磁场梯度；D 为扩散系数；T_E 为回波间隔；γ 为磁旋比；ρ_1 为纵向表面弛豫强度；ρ_2 为横向表面弛豫强度。

一般情况下，储层孔隙流体的 T_1、T_2 和 D 的相对大小，可以定性地用表 9-2 表示。

表 9-2 一般情况下储层孔隙流体的 T_1、T_2 和 D 的相对大小

		T_1	T_2	D
石油		大	大	小
天然气		大	小	大
水	束缚水	小	小	不受影响
	自由水	中	中	中

四、岩石核磁特征的应用

通过核磁共振测量，可以提供一些关于孔隙度、孔隙内流体以及与弛豫过程相关的岩石物理特性方面的信息。

1. 孔隙度的确定

由于不同尺寸孔隙中流体的弛豫特征存在差异，对自旋回波幅度衰减的影响也将不同。通过对观测的回波数据反演拟合，可以得到对应于不同孔隙尺寸（或 T_{2i}）的 $P(i)$ 值（或不同尺寸孔隙在总孔隙中所占的比例）（图 9-6），$A(t)$ 为回波串信号幅度。P 曲线下的面积代表孔隙度值。P 随 T_2 不同地变化，则反映不同尺寸孔隙对孔隙度的贡献大小。

含泥质砂岩的孔隙度模型，可以表示成如图 9-7 所示的形式。

在 $P(T_2)$ 曲线上，可以确定一个毛细管束缚水的截止值 T_{2C}，从而把自由流体孔隙度与毛细管束缚水孔隙度区分开。在 $P(T_2)$ 曲线上大于 T_{2C} 部分包围的面积代表自由流体孔

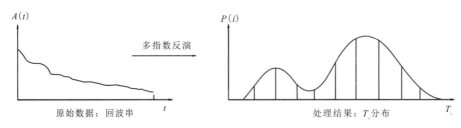

图 9-6 回波串的多指数反演

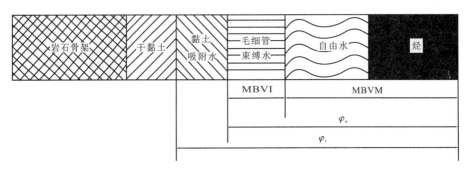

图 9-7 孔隙度模型

隙度,而小于 T_{2C} 部分包围的面积则代表毛细管束缚水孔隙度。于是,总孔隙度、自由流体孔隙度和束缚水孔隙度可分别由下列积分求得:

$$\varphi_{总}=\int_{T_{2\min}}^{T_{2\max}} P(T_2)dT_2 \qquad (9-19)$$

$$\varphi_{自由}=\int_{T_{2C}}^{T_{2\max}} P(T_2)dT_2 \qquad (9-20)$$

$$\varphi_{束}=\int_{T_{2\min}}^{T_{2C}} P(T_2)dT_2 \qquad (9-21)$$

2. 渗透率的估计

核磁信号与渗透率之间的关系,不像与孔隙度关系那样直接。但核磁信号与渗透率之间,也将存在着某种经验关系。目前,常用的是两类模型。

一类是借助传统的渗透率公式,引入由核磁测井求得的参数,如 Coates 关系式:

$$K=C(\varphi_e)^4\left(\frac{\varphi_{FFI}}{\varphi_{BVI}}\right)^2 \qquad (9-22)$$

式中,K 为渗透率;φ_e 为核磁测井有效孔隙度;φ_{FFI} 为自由流体孔隙度;φ_{BVI} 为束缚水孔隙度;C 为系数。

另一类是直接利用核磁测井的 T_2 分布与渗透率建立相关关系(Momiss,1993)。

$$K=C'(\varphi_e)^4 T_{2lg}^2 \qquad (9-23)$$

式中,T_{2lg} 为横向弛豫时间 T_2 的对数平均;C' 为系数。

主要参考文献

巴晶,2010.双重孔隙介质波传播理论与地震响应实验分析[J].中国科学:物理学 力学 天文学,40(11):1398-1409.

陈勉,金衍,张广清,2008.石油工程岩石力学[M].北京:科学出版社.

陈顒,黄庭芳,刘恩儒,2009.岩石物理学[M].合肥:中国科学技术大学出版社.

范晓敏,李舟波,2011.储层岩石物理学[M].北京:地质出版社.

李爱芬,2011.油层物理学:第3版[M].东营:中国石油大学出版社.

李舟波,2006.钻井地球物理勘探[M].北京:地质出版社.

李舟波,孟令顺,梅忠武,2004.资源综合地球物理勘查[M].北京:地质出版社.

李舟波,潘保芝,范晓敏,等,2008.地球物理测井数据处理与综合解释[M].北京:地质出版社.

刘向君,熊健,梁利喜,等,2018.岩石物理学基础[M].北京:石油工业出版社.

莫修文,贺铎华,李舟波,等,2001.三水导电模型及其在低阻储层解释中的应用[J].长春科技大学学报,31(01):92-95.

宁忠华,贺振华,黄德济,2006.基于地震资料的高灵敏度流体识别因子[J].石油物探,45(3):239-241.

秦积舜,李爱芬,2006.油层物理学[M].东营:中国石油大学出版社.

孙建国,2006.岩石物理学基础[M].北京:地质出版社.

唐军,章成广,2018.岩石物理学原理与应用[M].东营:中国石油大学出版社.

王海洋,孙赞东,CHAPMAN M,2012.岩石中波传播速度频散与衰减[J].石油学报,33(2):332-342.

杨胜来,魏俊之,2004.油层物理学[M].北京:石油工业出版社.

杨正华,2020.岩石物性概论[M].西安:西安交通大学出版社.

张远银,2015.P波叠前混合非线性反演方法研究[D].北京:中国石油大学(北京).

AGNIBHA D,MICHAEL B,2009. A combined effective medium approach for modeling the viscoelastic properties of heavy oil reservoirs[C]//SEG Technical Program Expanded Abstract 2009. 2009 SEG Annual Meeting Houston,TX,Octber 25-30,Tulsa,OK:SEG:2110-2114.

AKI K,RICHARDS P,1980. Quantitative seismology:Theory and Methods[M]. San Francisco,CA:W. H. Freeman and Co.

BACKUS G E, 1962. Long-wave elastic anisotropy produced by horizontal layering [J]. Journal of Geophysical Research, 67(11): 4427-4440.

BATZLE M, WANG Z J, 1992. Seismic properties pore fluids [J]. Geophysics, 57(11): 1396-1408.

BERRYMAN J G, 1992. Single-scattering approximations for coefficients in Biot's equations of poroelasticity [J]. The Journal of the Acoustical Society of America, 91(2): 551-571.

BERRYMAN J G, 1995. Mixture theories for rock properties [M]//AHRENS T J. Rock physics and phase relations: a handbook of physical constants. Washington, DC: American Geophysical Union: 205-228.

BIOT M A, 1956. Theory of propagation of elastic waves in a fluid saturated porous solid. I. Low frequency range and II. Higher frequency range [J]. Journal of the Acoustical Society of American, 28: 168-191.

BUDIANSKY B, 1965. On the elastic moduli of some heterogeneous materials [J]. Journal of the Mechanics and Physics of Solids, 13(4): 223-227.

CAI J C, WEI W, HU X Y, et al., 2017. Electrical Conductivity Models in Saturated Porous Media: A Review [J]. Earth-Science Reviews, 171: 419-433.

CASTAGNA J P, BATZLE M L, EASTWOOD R L, 1985. Relationships between compressional-wave and shear wave velocities in clastic silicate rocks [J]. Geophysics, 50(4): 571-581.

CHAPMAN M, 2003. Frequency-dependent anisotropy due to meso-scale fractures in the presence of equant porosity [J]. Geophysical Prospecting, 51: 369-379.

CHAPMAN M, ZATSEPIN S V, CRAMPIN S, 2002. Derivation of a microstructural poroelastic model [J]. Geophysical Journal International, 151(2): 427-451.

CHENG C H, 1993. Crack models for a transversely anisotropic medium [J]. Journal of Geophysical Research, 98: 675-684.

CLAVIER C, COATES G, DUMANOIR J, 1984. Theoretical and experimental bases for the dual-water model for interpretation of shaly sands [J]. Society of Petroleum Engineers Journal, 24(02): 153-168.

DIAZ E, PRASAD M, MAVKO G, et al., 2003. Effect of glauconite on the elastic properties, porosity, and permeability of reservoir rocks [J]. The Leading Edge, 22(1): 42-45.

DVORKIN J, MAVKO G, NUR A, 1995. Squirt flow in fully saturated rocks [J]. Geophysics, 60: 97-107.

ESHELBY J D, 1957. The determination of the elastic field of an ellipsoidal inclusion, and related problem [J]. Proceedings of the Royal Society of London, 241(1226): 376-396.

GARDNER G H F, 1962. Extensional waves in fluid-saturated porous cylinders [J].

Journal of the Acoustical Society of American, 34(1):36-40.

GARDNER G H F, GARDNER L W, GREGORY A R, 1974. Formation velocity and density - the diagnostic basics for stratigraphic traps[J]. Geophysics, 39(6):770-780.

GASSMANN F, 1951. Elastic waves through a packing of spheres[J]. Geophysics, 16(4):673-685.

GOODWAY B, CHEN T, DOWNTON J, 1999. Improved AVO fluid detection and lithology discrimination using Lame petrophysical parameters: "$\lambda\rho$", "$\mu\rho$", "λ/μ" fluid stack", from P and S inversions[J]. SEG Technical Program Expanded Abstracts, 16(1):183-186.

HAN D H, NUR A, MORGAN D, 1986. Effect of porosity and clay content on wave velocities in sandstones[J]. Geophysics, 51(11):2093-2107.

HASHIN Z, SHTRIKMAN S, 1963. A variational approach to the elastic behavior of multiphase materials[J]. Journal of the Mechanics and Physics of Solids, 11(2):127-140.

HILL R, 1952. The elastic behavior of crystalline aggregate[J]. Proceedings of the Royal Society of London. Series A, 65:349-354.

HILL R, 1965. A self-consistent mechanics of composite materials[J]. Journal of the Mechanics and Physics of Solids, 13(4):213-222.

HORNBY B E, SCHWARTZ L M, HUDSON J A, 1994. Anisotropic effective-medium modeling of the elastic properties of shales[J]. Geophysics, 59(10):1570-1583.

HUDSON J A, 1981. Wave speeds and attenuation of elastic waves in material containing cracks[J]. Geophysical Journal of the Royal Astronomical Society, 64:133-150.

HUDSON J A, 1986. A higher order approximation to the wave propagation constants for a cracked solid[J]. Geophysical Journal of the Royal Astronomical Society, 87:265-274.

KUMAR M, HAN D H, 2005. Pore shape effect on elastic properties of carbonate rocks[J]. SEG Extended Abstract, 24(1):1477-1480.

KUSTER G T, TOKSÖZ M N, 1974. Velocity and attenuation of seismic waves in two-phase media: Part I. Theoreti-formulations[J]. Geophysics, 39(5):587-606.

LIU Z S, SUN, SAM, et al., 2015. The differential Kuster-Toksoz rock physics model for predicting S-wave velocity[J]. Journal of Geophysics and Engineering, 12(5):839-848.

LIU Z, SUN Z, WANG H, et al., 2012. Compex lighological reservoir prediction through prestack simultaneous inversion: a case study from the Leijia Area in Liaohe Oil field, China[EB/OL]. (2012-12-19)[2021-10-08]. http://doi.org/10.1190/segam2012-1219.1.

LO T, COYNER K, TOKSÖZ M N, 1986. Experimental Determination of Elastic Anisotropy of Berea Sandstone, Chicopee Shale and Chelmsford Granite[J]. Geophysics, 51(1): 164-171.

MARVKO G, NUR A, 1975. Melt squirt in the asthenosphere[J]. Journal of Geophysical Research, 80(11): 1444-1448.

MAVKO G, MUKERJI T, DVORIKIN J, 1998. The Rock Physics Handbook: Tools for Seismic Analysis in Porous Media[M]. Cambridge: Cambridge University Press.

NUR A, MAVKO G, DVORKIN J, et al., 1998. Critical porosity: a key to relating physical properties to porosity in rocks[J]. The Leading Edge, 19(3): 289-424.

QUAKENBUSH M, SHANG B, TUTTLE C, 2006. Poisson impedance[J]. The Leading Edge, 25: 128-138.

RICKMAN R, MULLEN M, PETRE E, et al., 2008. A practical use of shale petrophysics for stimulation design optimization: All shale plays are not clones of the Barnett Shale[C]//SPE Annual Technical Conference and Exhibition. Society of Petroleum Engineers.

ROBERT J S, BROWN J K, 1975. On the dependence of the elastic properties of a porous rock on the compressibility of the pore fluid[J]. Geophysics, 40(4): 608-616.

RUGER A, TSVANKIN I, 1997. Using AVO for fracture detection: Analytic basis and practical solutions[J]. The Leading Edge, 16(10): 1429-1434.

RUSSELL B, HEDLIN K, HILTERMAN F, 2003. Fluid property discrimination with AVO: A Biot-Gassmann perspective[J]. Geophysics, 68: 29-39.

SCHOENBERG M, 1998. Elastic wave behavior across linear slip interfaces[J]. The Journal of the Acoustical Society of America, 68(5): 1516-1521.

SCHOENBERG M, DOUMA J, 1988, Elastic wave propagation in media with parallel fractures and aligned cracks[J]. Geophysical Prospecting, 36: 571-590.

SCHON J H, 2016. 岩石物理特性手册[M]. 魏新善, 曹青, 程国建, 等, 译. 北京: 石油工业出版社.

THOMSEN L, 1986. Weak elastic anisotropy[J]. Geophysics, 51(10): 1954-1966.

THOMSEN L, 1995. Elastic anisotropy due to aligned cracks in porous rock[J]. Geophysical Prospecting, 43(6): 805-829.

WANG Z, 2000. Dynamic versus static elastic properties of reservoir rocks[J]. Seismic and Acoustic Velocities in Reservoir Rocks, 3: 531-539.

WAXMAN M H, SMITS L J M, 1968. Electrical conductivities in oil-bearing shaly sands[J]. Society of Petroleum Engineers Journal, 8(02): 107-122.

WHITE J E, 1975. Computed seismic speeds and attenuation in rocks with partial gas saturation[J]. Geophysics, 40(2): 224-232.

WINSAUER W O, 1952. Resistivity of Brine-Saturated Sands in Relation to Pore Geometry[J]. AAPG Bulletin, 36(2): 253-277.

WU T T,1966. The effect of inclusion shape on the elastic moduli of a two-phase material[J]. International Journal of Solids Structures,2(1):1-8.

WYLLIE M R J,ROSE W D,1950. Some theoretical considerations related to the quantitative evaluation of the physical characteristics of reservoir rock from electrical log data[J]. Journal of Petroleum Technology,2(04):105-118.

WYLLIE M,GREGORY A R,GARDNER L,1956. Elastic wave velocities in heterogeneous and porous media[J]. Geophysics,21(1):41-70.

XU S Y,PAYNE M A,2009. Modeling elastic properties in carbonate rocks[J]. The Leading Edge,28(1):66-74.

XU S,WHITE R E,1995. A new velocity model for clay～sand mixtures[J]. Geophysical Prospecting,43(1):91-118.

ZAMIRAN S,RAFIEEPOUR S,OSTADHASSAN M,2018. A geomechanical study of Bakken Formation considering the anisotropic behavior of shale layers[J]. Journal of Petroleum Science and Engineering,165:567-574.

ZIMMERMAN R W,1991. Compressibility of sandstones[M]. New York:Elsevier.